事例に学ぶ
QCストーリーの
"本当"の
使い方

猪原正守 著

日科技連

はじめに

　本書を手にされた読者は，『事例に学ぶ QC ストーリーの"本当"の使い方』というタイトルを見て何を想像され，期待されるのでしょうか.

　QC ストーリーは QC サークル活動の成果を発表する筋書きのことであって，その筋書きに"本当"などないのではないか，あるいは，QC ストーリーは問題解決や課題達成における活動の手順であって，問題解決型 QC ストーリーや課題達成型 QC ストーリーとして確立しているため，"本当"などないのではないかと思われるかもしれません.

　QC サークルでは，職場第一線にあるさまざまな問題や課題の中から，これは重要だから取り上げるが，これはあまり重要でないから放置するというように取捨選択することはないでしょう. もし，そのようなことをしていると，眼前の不具合対応のために残業や休日出勤が発生して家庭崩壊の危機に悩まされるでしょう. その意味で，テーマの選定というステップは，事例発表の際に多くの問題や課題から発表テーマを選んだ理由を述べるものであると理解することができます. したがって，テーマの選定という手順は「発表のための筋書き」であることに異論はありません. しかし，それを除外すると，QC ストーリーの各ステップは問題解決や課題達成のための手順に相当するものであることがわかります.

　また，課題達成型 QC ストーリーにおいて，設定しようとする目標と現実の対策を必要とするギャップ—課題—を解決するためには，目標と現実の差を正しく認識した上で，バックキャスティングの観点から，その時点で対策の必要な問題を設定することが重要になります.

iii

はじめに

　そのとき，課題達成型 QC ストーリーにおける攻め所の明確化を，問題解決型 QC ストーリーにおける要因の解析と理解すれば，QC ストーリーにおける手順は，「問題の発見」→「具体的な問題の設定」→「目標の設定」→「活動計画の作成」→「要因の解析/攻め所の明確化」→「対策の検討と実施」→「効果の確認」→「標準化と管理の定着」となり，一連の問題または課題解決の手順であることがわかります.

　このような観点から，職場第一線における維持・改善・革新活動を効果的かつ効率的に推進するための問題解決や課題達成の手順に秘められた“本質”を理解したいと考えていた筆者に，㈱日科技連出版社・戸羽節文社長が興味をもっていただき，『QC サークル』誌(2015 年 1 月号〜6 月号)に筆者が連載した「QC ストーリーの基本を学ぶ」をベースとして，加筆修正を行った書物の執筆を快諾いただくことで本書の執筆がスタートしました.

　なお，本書の読者としては，『QC サークル』誌と同様に QC サークル活動をはじめられたばかりの方々や初めてサークルリーダーを拝命した方を対象としています. しかし，問題解決や課題達成における活動の基本を復習しようと考えている読者にも共感の得られるものであると自負しています.

　本書は，難しい理論や数学あるいは統計学はほとんど登場しないように，事例を中心として記述することに努めています. QC ストーリーの本当を探りたいと考えている読者に是非とも読んでほしいと願っています.

2018 年 4 月吉日

猪原　正守

事例に学ぶQCストーリーの
"本当"の使い方
目　次

はじめに………iii

第1章 QCストーリーとは………1

1.1　QC ストーリーの考え方と種類………2

1.2　本書の立場………5

1.3　既存の QC ストーリーについての復習………6

第2章 問題や課題の認識………13

2.1　スピードが求められる問題や課題の認識………14

2.2　問題と課題………14

2.3　問題の分類………16

2.4　問題認識のための考え方………19

第3章 取り上げる問題の選定………35

3.1　問題選定のためのさまざまな評価法………36

3.2　独自な評価尺度の工夫………37

3.3　実現性の評価………39

3.4　必須条件と要望条件………42

v

目　次

| 第4章 | **現状把握**………45 |

4.1　現状把握のための３つのステップ………46

4.2　現状を調査・分析して，事実を把握する………47

4.3　問題を細かく層別あるいは分解して具体化する………56

4.4　具体化された問題に対する優先順位を付ける………62

4.5　現状把握におけるまとめ………63

| 第5章 | **目標の設定**………65 |

5.1　「何を」「いつまでに」「どこまで」………66

5.2　目標値は具体的な数値で決める………67

5.3　活動計画を作成する………67

| 第6章 | **要因の解析と課題の構造化**………69 |

6.1　要因と原因………70

6.2　要因の抽出………72

6.3　攻め所の明確化………79

6.4　特性と要因の因果関係を検証する………88

| 第7章 | **対策案の検討と実施**………97 |

7.1　アイデアの抽出………98

7.2　自由な発想を導くための方法………99

7.3　対策案の評価と最適策の選定………103

7.4　最適手段の具体的な実行計画を策定する………107

7.5　最適策の実施………111

目　次

| 第8章 | **効果の確認**………113 |

8.1　なぜ目標未達になるのか………114

8.2　効果確認のための考え方と手法………114

| 第9章 | **標準化と管理の定着**………127 |

9.1　標準と標準化の定義………128

9.2　日常管理における標準化の重要性………129

9.3　標準作成の意義と心得………130

9.4　標準の策定手順………132

おわりに………137

参考文献………139

索　引………141

装丁・本文デザイン＝さおとめの事務所

第1章

QCストーリーとは

第1章　QCストーリーとは

1.1　QCストーリーの考え方と種類

　QCストーリーと聞くと何を連想されるでしょうか．"QCストーリーとは何か"という問に対する考え方には諸説があり，「QCサークル活動における活動成果を発表する際の話の筋書き」とする説と「維持・改善・革新活動における活動の手順」とする説があります．

　実際，QCサークル活動の生みの親である石川[1]は，名著として知られる著書『第3版 品質管理入門』において「QCストーリーとは，QCサークルなどの職場のグループ活動で改善活動を行った後で，その活動成果を報告する際の話の筋書き．この筋書きで話を進めると，改善活動の結果を要領よく報告することができる．ストーリーとは物語，筋書きのこと」と説明し，QCサークルの体験談事例のまとめや，活動の発表によく使われている標準的な筋書きを次のように示しています．

(1)　問題を取り上げた理由（テーマの選定理由）

(2)　工程の概要

(3)　現状の把握

(4)　工程の解析（要因の分析）

(5)　対策

(6)　結果と効果（成果）

(7)　歯止め（標準化）

(8)　今後の進め方（反省と今後の計画）」

　また，同様の趣旨でQCストーリーを解釈している細谷[2]は，「QCサークルやQCチームなどで改善活動や問題解決活動の行動を行った後で，その活動成果を報告する際の話の筋書き」と説明して，その10ステップを

(1)　QCサークルの紹介

(2)　テーマ選定の理由と目標の設定

⑶　工程の概要

⑷　活動計画の立案

⑸　要因の解析

⑹　改善案の検討と実施

⑺　改善効果の把握

⑻　標準化(歯止め)

⑼　活動の成果

⑽　活動の反省と今後の進め方

としています.

　さらに,石川[1]は,その著書『第3版 品質管理入門』の4節(報告書の作成)において,「報告書の作成は次の2つの目的を果たすためである.

　1)　上司や関係者に解析の目的・プロセス・結果をよく理解してもらい,必要ならばアクションをとってもらう

　2)　技術を企業・組織に蓄積する

ための報告は,よく知らない人が読んでもわかるように,QCと同じく自分だけがわかればよいのではなく,消費者である読者にもわかりやすく書かなければならない」と述べています.さらに,「結果よければよしという報告ではなく,上記の(1)〜(7)のステップを問題としている.すなわち,どのようにしてその目標を達成したかという方法,やり方,プロセス・工程を重視しているのである」という主旨のことを述べ,「解析や実験が終わってから報告書を改めてまとめようとすると厄介であり,時間がかかり,極端な場合には報告書を作成せずに,自分のノートや頭の中にしみやすいものであるから,最初から報告書を作成するつもりで,手順を考えて表や図を作成しておくとよい」と述べています.

　一方,(一社)日本品質管理学会 標準委員会[3]では,「QCストーリーとは,改善活動をデータにもとづいて論理的・科学的に進め,効果的かつ効率的に行うための基本的な手順」と定義し,その解説(1)において,

第1章　QCストーリーとは

「QCストーリーは，改善の手順ともいわれる」と述べ，一般的に使われている問題解決型QCストーリーは，次のとおりであると紹介しています．

　　ステップ1　テーマの選定
　　ステップ2　現状の把握と目標の設定
　　ステップ3　要因の解析
　　ステップ4　対策の立案
　　ステップ5　対策の実施
　　ステップ6　効果の確認
　　ステップ7　標準化と管理の定着
　　ステップ8　反省と今後の対応

　さらに，一般的に使われている課題達成型QCストーリーと，次のとおりであると紹介しています．

　　ステップ1　テーマの選定
　　ステップ2　課題の明確化と目標の設定
　　ステップ3　方策の立案
　　ステップ4　成功シナリオ(最適策)の追究
　　ステップ5　成功シナリオ(最適策)の実施
　　ステップ6　効果の確認
　　ステップ7　標準化と管理の定着
　　ステップ8　反省と今後の対応

　さらに，解説(4)において，「QCストーリーは，もともとQCサークル活動のために作られたものだが，今では，QCサークル活動にとどまらず，さまざまな種類の改善活動で活用されている．また，当初は，問題解決型QCストーリーのみであったが，新しい課題への挑戦が増えてきたことに伴って，課題達成型QCストーリー，施策実行型QCストーリー，未然防止型QCストーリーなどが生み出されてきた」と説明して

います.

1.2　本書の立場

　このように，QC ストーリーの解釈には，「活動成果を発表するときの話の筋書き」とする立場と「維持・改善・革新活動を行う際の手順」とする立場があります．しかし，"その本質は何か"といえば，

- ●私たちが問題や課題を解決するときに許される期限や納期，あるいは，使用できる経費には限りがあります．眼前に見えている問題や課題のみに執着することなく，さまざまな視点・視野・視座からみて"本当に"重要かつ喫緊のものを選択することが必要である
- ●サークルメンバーの協力を得て，全員参加のもとで問題や課題の解決にチャレンジするとき，取り上げる問題や課題を共有しておくことが必要である

などを考えるとき，多数の問題や課題の中からサークルとして，あるいは，個人として取り組むべき問題や課題を選定するプロセスが重要になってくるといえましょう．また，あなたやサークルの成果を第三者の前で発表するときにも，彼らの興味を引き留めるためには，どのようなプロセスを経て，その問題や課題を取り上げたかという選定理由を明確にしておくことが必要でしょう.

　そうした理由から，石川[1]や細谷[2]では「テーマの選定」という手順が登場するのであって，実際には"問題や課題の認識"と"取り上げる問題や課題の選定"という手順があると理解することができます.

　また，取り上げられた問題や課題を解決するときに活用される手順として，「施策実行型 QC ストーリー」「問題解決型 QC ストーリー」「課題達成型 QC ストーリー」「未然防止型 QC ストーリー」など，それぞれの問題や課題に応じた解決のための手順が提案されているのですが，

第 1 章　QC ストーリーとは

それらの手順に脈々と流れる "本当" を明らかにすることも有用である
と考えます[1].

1.3　既存の QC ストーリーについての復習

　本書では，さまざまな問題や課題解決の手順である QC ストーリーに
ある手順に脈々と流れる "本当" を考えます．しかし，その "本当" を理
解するためには，それぞれの手順を復習しておくことも理解の助けにな
ると考えます．

1.3.1　施策実行型 QC ストーリー

　某社では，高圧鉄塔上における碍子接合ボルトナット取替え作業訓練
中にナット落下というトラブルが発生しました．作業訓練中であったた
め，また，ナットが垂直落下したため訓練参加者に被害が及ばなかった
のは幸いでしたが，実作業中に作業領域を超えてナットが落下するよう
なことになると，通行人の人命にかかわる重大事故につながる危険性が
あります．

　この話題を全社 QC サークル事例発表大会で報告した QC サークルに
よると，「当事者を含めて作業者全員にボルト落下に至るヒヤリハット
について聞き取り調査を行ったところ，全員から "ボルトナットの締め
付け時に落下しそうになったことがある" という声が寄せられた」とい
うことです．また，その原因についてブレーンストーミングを行うと
"ボルトナットを片方の手に持って接合部に仮設置したまま，もう一方
の手で締結作業をしていることが原因である" ということです．そのた

　1　「問題の解決」や「課題の達成」という表現が一般的なのかもしれません．しかし，
"達成する" ことは "解決する" ことである理解しても混乱を引き起こすことはないと
考え，特に断らない限り，本書では "解決" という表現で統一することにしています．

6

め，ナットを片手で仮設置しなくてもスムーズに締結作業を行うことのできる治具を開発することによってナット落下再発防止に成功したという事例を発表していました．

この場合には，「ボルトナットが落下した」という問題と因果関係のある4M（Man（ひと），Machine（機械・設備），Material（材料），Method（方法））を中心とした原因究明を行うまでもなく再発防止に成功しています．したがって，要因の解析という原因究明のプロセスを経ることなく，対策検討と実施による効果確認を行う施策実行型QCストーリーが適用できています．

この事例のように，QCサークル活動で取り上げる問題は，作業標準を注意深く遵守することで，作業負荷をかけることで回避できているけれども，ちょっとした不注意でトラブルに至っているというものが多いように思います．したがって，心理的あるいは行動的な作業負荷を必要としない治工具の開発によってトラブルを未然防止するという施策実行型の事例が多くなっているのかもしれません．

1.3.2　問題解決型 QC ストーリー

6月のある日のこと，食品の包装材を生産している工場の出荷検査部門から“包装材にプラスチックフィルム（異物）が混入していた”という緊急事態が報告されました．消費者が口にする食品の包装材に異物が混入するということはあってはいけない重要問題なので，まず当該の包装材生産を中止しました．そして，この包装材の製造記録や出荷記録を徹底調査することで，顧客である食品会社に納入したものがあるかどうか調べたところ，幸いにも出荷品はなく出荷待ちの状態であったため，顧客にご迷惑をおかけすることのないことが確認できました．

しかし，生産を中止したままでは，食品会社の生産停止を引き起こしてしまうため，早急に生産を再開しなければなりません．そこで，「ど

第1章　QCストーリーとは

の生産工程で包装材にプラスチックフィルムが混入したか」を明らかにすることになります．しかし，生産を停止している状態では，生産工程（現場）に出向いて現物（包装材）を調べることで現実（プラスティック材混入）を確認するという現場・現物・現認（「現実」ともいう）の三現主義の考え方に沿った方法を適用できません．

　この事例を発表したQCサークルは，包装材の生産工程設計における工程FMEAやQC工程表においてプラスチックフィルム混入に対する故障モードの検出と未然防止策が打たれていたかどうか，そこから導かれる作業標準書に順じた作業が実施されていたかどうかを調査しています．その結果，工程FMEAの備考欄に「今，包装材に使用しているプラスチックフィルムが従来材よりも粘着性が高いため，"生産工程の温度を冬場に比べて夏場は○○℃だけ下げておく必要がある"と記載されている」ことを突き止めています．そして，"夏場"という定性的な記載になっていて"生産工程の温度を△△℃～▲▲℃の範囲に設定する"という記載になっていなかったため，例年とは違って真夏日の続いた中で対策が未実施になっていたことに原因があることを明らかにしています．そして，生産技術部門に問い合わせた結果，生産工程の温度を25℃～28℃の範囲に設定することで問題が再発しないことが確認でき生産を再開することができたと報告しています．このように，発生している問題の原因を究明するための5ゲン主義（現場・現物・現認・原理・原則）にもとづく要因の解析を行うことで問題解決に至る手順を問題解決型QCストーリーといいます．

　この事例のように，設定しているあるいは設定されている目標と現実の間にギャップの発生している問題の多くは，その原因を究明することなく再発防止を図ることができないため，問題解決型QCストーリーは多くの場面で適用されています．

　ところで，この問題の再発防止を確実にするためには，上記の下線部

8

に見られる"本来は管理されるべきものが管理される仕組みになっていなかった"ことのマネジメントにおける根本原因を明らかにしたうで必要な対策を施す必要があります．QCサークル活動において根本原因の究明まで行う事例は少ないと思いますが，少なくとも工長（係長）という名の付く立場の人には根本原因究明の責任があることになります．

1.3.3 課題達成型 QC ストーリー

　読者の職場には，品質不良や納期遅れなど，設定された目標と現実の間にギャップが発生していないのかもしれません．しかし，後工程や顧客の立場から品質や納期などに対するあるべき姿を考える中で，現状よりも高い目標を設定した課題にチャレンジすることがあります．

　筆者がお手伝いしている某社の技術本部・知財部に勤務する鈴木氏[4]は，技術者の特許申請依頼から特許申請に至る納期が数カ月のものから数週間のものまでの大きなばらつきがあることを課題として認識していました．そこで，特許申請依頼から特許申請までの納期を最短レベルにするという目標を設定し，その目標達成に取り組んでいました．

　この課題達成に対して，同氏は最長と最短の業務プロセスをアロー・ダイヤグラムとして可視化することで，あらゆるムダを削除したプロセスを実現するための手段を発想し，その実現可能性をシミュレーションすることで課題達成に成功されています．

　また，ある会社の人事本部・人事部に勤務するK氏は，誰からも苦情をいただいたことはないのですが，離職率の年度目標が一度も達成されていないことを課題として認識していました．そこで，同部の関係者に協力を依頼して"離職率ゼロの職場に求められる姿とは"というテーマでブレーンストーミングを行い，提出された意見を言語データとして親和図を作成したところ，「上下左右を超えたコミュニケーションの職場風土が醸成されている」という"あるべき姿"に対して「Face-to-

第1章 QCストーリーとは

Face のコミュニケーション機会が減少している」という現実が表出されました．すなわち，離職に至る心理的要因を事前に把握した対応ができていないところに問題の本質があることを明らかにし，社員に対する心のケアを目的としたアンケート調査によるビッグデータの解析を行うことで離職率を大幅に低減することに成功しています．

これらの事例が物語るように，私たちの職場には現状に満足することなく，あるべき姿を描いたり発想したりすることで課題を認識することができます．そして，その課題の攻め所を明確にした上で，系統図法や各種発想法を活用した成功シナリオ作成にもとづく課題達成の手順を課題達成型 QC ストーリーと呼びます．

少人化や高齢化が問題視される職場環境の中で，これまでは時流に見失っていたあるべき姿を洞察することで表出する現状打破の目標に果敢にチャレンジする QC サークル活動が増加する中，この課題達成型 QC ストーリーを適用した事例が増えているのは自然の流れなのかもしれません．

1.3.4 未然防止型 QC ストーリー

ある家族は，ゴールデンウィークに北海道マイ・プラン 6 日間旅行を計画しています．その計画では，4 月 29 日に大阪伊丹国際空港から千歳国際空港まで移動し，当地でレンタカーを借り受けて，旭山動物園をはじめとする観光地を巡る 5 泊 6 日の旅行計画です．久しぶりの大型旅行なので，妻，娘，息子は旅行計画の作成段階でワクワク．

> 自宅→(2 時間)→伊丹空港→千歳国際空港→(1.5 時間)→旭山動
> 物園(4 時間)→……→自宅

の詳細な旅程を作成しました．しかし，会社の品質管理部門に働く父親は，"この計画において発生する可能性のあるトラブルを予測して対策を検討しておく必要があるよ"と言います．この問題をどのように解決

1.3 既存の QC ストーリーについての復習

すればよいのでしょうか.

① 千歳国際空港から旭山動物園まで 1.5 時間を計画しているけれども, GW 中の道路状況を調べて余裕時間はどうなっているか.

② 旭山動物園での滞在時間を 4 時間と計画しているけれども, GW 中の混雑度を考えたとき, 期待する動物たちをじっくり見ることができるであろうか.

③ 旅行中に家族の誰かが急な体調不良に陥らないであろうか.

など, 計画に潜むトラブルとしてどんなものがあるか旅行会社に聞き取りを行ったり家族全員で検討したりする必要があります. また, そこで浮き彫りになったトラブルに対する対応策について旅行会社にアドバイスを受けたり家族で検討したりすることも必要になります. こうした潜在トラブルの検討と対応策の事前検討を行うことで, 不安のないゆとりのある家族旅行を実現できることになるでしょう. この場合の手順を未然防止型 QC ストーリーといいます.

私たちの職場における問題や課題には, 関係者や関係部門との調整を必要とするものが多く存在しています. そして, その調整では当初描いたものと実際との間にギャップの発生することが少なくありません. そのような場面では, ここに紹介した潜在トラブルの予知・予測にもとづく転ばぬ先の杖的なアプローチが有効となることから未然防止型 QC ストーリーの適用事例が多くなってくると思われます.

第 2 章

問題や課題の認識

第2章　問題や課題の認識

2.1　スピードが求められる問題や課題の認識

　QC ストーリーは，問題や課題を解決する手順であるという立場から本書を進めると述べました．読者の在籍する会社や職場が厳しい競争社会の中で持続的成長を続けるためには，組織にとって重要かつ緊急を要する問題や課題の解決に取り組むことが求められています．しかし，それを実現するためには，読者の所属する組織において，どのような問題や課題があるのかを認識すること，別の言い方をすれば，問題や課題を発見することからはじめなければいけません．

　読者の中には，「私たちは，職場に発生する問題や課題の選り好みなく，それらのすべての解決が迫られるため，問題や課題の認識というプロセスはありません」と主張される方がいるかもしれません．しかし，与えられた問題や課題をスピーディに解決すればよいというのは，時間の流れが緩やかで競争範囲が限定的であった時代のことです．現在は，どのような問題や課題があるかをスピーディに認識することが求められる時代になっています．

　この章では，私たちの職場において解決を求められている問題や課題を迅速かつ的確に認識するための“本当”とそこで活用される手法について考えてみたいと思います．

2.2　問題と課題

　ここまで，問題や課題の認識という言い方をして，日常用語としては区分されることの少ない問題と課題を区分してきました．“問題とは何か”と問いかけると，例えば，『広辞苑』では，①問いかけて答えさせる題，②研究・議論して解決すべき事柄，③争論の材料となる事件，④人々の注目を集めていること，などと多様に説明されています．一方，

14

2.2 問題と課題

問題解決や課題達成に関する多くの専門書では，「問題とは，あるべき状態・目標と現状のギャップ(差)である」であると説明され，(一社)日本品質管理学会標準化委員会編の『品質管理用語85』[3]においては，

- 問題(problem)とは，設定してある目標と現実の，対策して克服する必要のあるギャップ
- 課題(issue/task)とは，設定しようとする目標と現実との，対策を必要とするギャップ

と定義されています．また，その定義における解説(3)において，「目標と現実とのギャップが大きいまたは達成に要する期間が長い場合(新しいプロセス・仕組みを作る場合など)を課題と呼び，ギャップが小さい場合(既存のプロセス・仕組みを改善する場合など)を問題と呼ぶ場合がある」と説明しています．これらの定義や説明を具体例でいえば，次のように考えることができます．

【事例 2.1】

某社の大阪支店における売上高は150億円であったのですが，翌年の全社売上高目標から支店売上高目標180億円が設定されました．このとき，支店長は年度目標を達成するため，前年度と同様な支店運営による年度末の売上高が前年度実績(150億円)に対してプラスになるかマイナスになるかを予測する必要があります．

もし，市場動向や社会動向を考えたとき翌年度売上高が160億円になると予測されるならば，売上高目標180億円とのギャップ20億円を埋める施策を考えなければなりません．このときのギャップ20億円が"課題"であることになり，この活動が課題達成活動となります．

一方，20億円のギャップを埋めるために上半期末の売上高目標を165億円と設定して活動した結果，当該年度上期末における実績が160億円であったとすれば，そのギャップ5億円が"問題"であることになりま

第2章　問題や課題の認識

す. この場合には, 上期における目標を達成するための施策を計画 (Plan)し, 必要な教育・訓練を行った後, 全員参加で実施(Do)した結果の効果確認(Check)が目標未達であった原因を追究した上で, その原因を明らかにすることで必要な処置(Act)を行わなければいけません. また, その原因追究とは別に, 本来管理すべきことが管理できていなかったとすれば, そのマネジメント要因を明らかにすることで根本原因を明らかにして対策を実施しなければなりません. このときの活動が問題解決活動であるということになります.

　こうした"問題"と"課題"の区分に対して, 飯塚・金子[5]は, 「問題とは, 現在または将来を考えたとき, 何らかの対策を必要とする事象である」と統一的な視点で定義しています. この定義は, (一社)日本品質管理学会　標準化委員会編の『品質管理用語85』[3]と意味するところは同じなのですが, より簡明な定義になっているといえます. 本書においては, 混乱が生じない限り, この定義を採用することにしたいと考えます.

2.3　問題の分類

　職場第一線にある問題は何らかの対策を実施しなければいけません. 特に, QCサークルメンバーの改善意欲と保有能力を発揮すれば解決できる問題であれば, すべての問題をテーマとして取り上げなければいけません. その問題には, どのようなものがあるのでしょうか.

2.3.1　目標のあり方による問題の分類
　私たちの解決すべき問題は, その目標のあり方から低減問題と増加問題に区分できます.

16

(1) 低減問題

職場における不良率や労災件数など「0」であることが期待される特性を対象とした問題をゼロ問題といいます．しかし，5M(4M に「計測(Measurement)」を加えたもの：ひと，方法・技術，設備・機械，材料・部品，計測)要素が変動する(ばらつく)中で「0」を達成することは容易でなく，現状値を低減することを目標とするため，不良率や労災件数などの特性に関する問題を低減問題といいます．

(2) 増加問題

職場における生産性や顧客満足度など，現状値を増加させるが期待される特性に関する問題を増加問題といいます．

2.3.2 タイプによる問題の分類

私たちの解決すべき問題には，①既存の標準や仕組みを遵守していれば起きないはずのもの，②既存の標準や仕組みでは達成せず新しい作業標準や仕組みを開発しなければならないもの，③問題と認識されていないが"あるべき姿"を明確にすることで設定されるものがあります．QCサークル活動を導入した初期には①のタイプを取り上げることが多く，次第に②や③のタイプを取り上げることが多くなるものです．

(1) 原因追究型問題

雨期に入ったある夜こと，深夜に発生した突然の豪雨によって，あなたの戸建て住宅で雨漏りが発生したとしましょう．これからの雨期を考えると早急に解決しなければいけませんね．どこかの屋根瓦にある欠陥が原因であるに違いないため，欠陥のある瓦を取替えれば問題を解消することができます．

また，友人との付き合いを大切にしている酒好きの N 氏は持病もな

第2章　問題や課題の認識

く健康そのものです．ある日のこと，友人のI氏に誘われるまま深夜まで暴飲・暴食をして帰宅した就寝中，急激な吐き気に襲われてしまいました．昨夜の暴飲・暴食が原因と考えられるため，置き薬を飲むことで吐き気を解消することができました．

　しかし，雨漏りの事例において，屋根瓦に欠陥の発生した原因に対する対策を行ったわけではないため，雨漏りの再発によるリスクを排除できません．また，N氏の突然の吐き気の原因が内臓疾患にあったとすれば吐き気の再発によるリスク排除できません．これらにおける原因の追究による再発防止の求められる問題を原因追究型問題といいます．

(2)　手段発想型問題

　自動車の重要保安部品を製造している部品メーカーでは，3枚の鋼板を電着溶接しています．このたび，車両メーカーのCO_2削減と軽量化要請に応えるべく，部品の板厚30％低減と剥離強度維持を同時達成できる溶接技術の開発を行うことになりましたが，既存の生産技術では課題達成ができそうにありません．

　また，商品冷熱機器を含めたコンビニエンス・ストアの各種機器を設計・製造・設置している会社の営業部門では，顧客からの大型受注に対応した「受注－出荷－請求－回収」のOrder to Cashの迅速処理が要請されることになりました．しかし，新年度の人事異動によるベテランと新人の入替えが行なわれた現状で対応することは容易なことではありません．

　これらの場合，新しい溶接技術やOrder to Cashの仕組み構築を求められる問題であって，手段発想型問題ということができます．

(3)　設定型問題

　現在，某氏は大阪市内にある2LDK・68 m^2の賃貸集合住宅に住んで

18

います．同氏には，中学2年の息子と小学5年の娘が26 m²の部屋に2段ベッドで同室しています．子供たちから不平や不満が寄せられているわけではないため，同氏として解決すべき問題はないということができるかもしれません．また，待ち時間2時間，診療5分が常態化している予約制医療機関においても，患者の読み物持参による自己防衛によって問題は発生していないように見えるかもしれません．

しかし，翌年の受験に備える子供たちには「個室がほしい」という密かな願いがあるに違いないと気づいた瞬間，「子供たちに個室を提供する」という目標を設定することができます．また，診療時間5分であれば待ち時間を極限まで短縮できるはずであると気づいた瞬間，「待ち時間の極限までの短縮」という目標を設定することができます．その意味で，この種の問題を設定型問題ということができます．

2.4　問題認識のための考え方

ここまで私たちが取り上げるべき問題について考えてきました．ここからは，私たちが取り上げるべき "本当の" 問題を認識する上で重要な考え方とそこで活用される手法について考えてみたいと思います．

2.4.1　事実にもとづく

ある建設機器の販売会社では，QCサークル活動が導入されて2年になります．しかし，「仕事が忙しくてサークル活動などやっている暇はない」「営業は足で稼ぐもの」などといって，サークル会合に参加して来ないベテランの多いことにリーダーは悩み続けていました．

ある日のサークル会合において，「なぜ，そんなに忙しいのか」「本当に，お得意さまを効率よく営業できているのだろうか」と疑問を投げかけても，「顧客訪問は営業のもっとも大事な仕事だから，効率よく回れ

第 2 章　問題や課題の認識

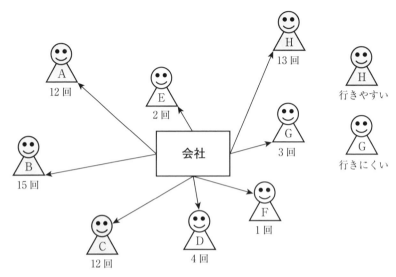

図 2.1　お得意さまへの訪問回数

ているはずだ」「今さらデータをとってもムダだよ」と反論するばかりです．

　そんな状況に業を煮やしたリーダーは，ある日のサークル会合に地図を持ち出してきて，この 1 週間に各人が訪問した会社を色分けしてみることを提案しました(図 2.1)．

　この結果を見ると，「行きやすいお客さまには離れたところを行ったり来たりしているのに，行きにくいお客さまは近距離でも訪問できていない」ことがわかりますね．"事実は小説よりも奇なり"を物語るものです．品質管理における格言として事実(データ)にもとづくというファクト・コントロールの考え方が重視されていますが，問題認識の第一原則はこれにつきます．

　問題というものは，見つけ出してしまえば，後はどうにかなるものです．また，そうした問題が明確になるのと同時に解決策が見つかる場合

もあります。石川[1]や谷津[6]は，サークル活動で扱う問題の多くは難しいQC手法を使わなくても解決してしまうと述べています。本当にそうなのかもしれません。

2.4.2 あるべき姿を描く

40年以上も昔のことですが，ある建設機器メーカーにおける数名の管理者スタッフが，同社のものづくりにおける将来のあるべき姿を明らかにする目的で親和図を作成しました（図2.2）。

この親和図を見ると，そこに述べられている内容に「ナ〜ンだ！」という印象を受けるかもしれません。しかし，それは情報通信技術が進化し，ものづくりのグローバル化や少子高齢化あるいは女性の社会進出が取りあげられるようになった現在に思うことであって，40年以上も昔の状況を考えれば驚愕の思いすら感じるのではないでしょうか。ここで，「建設機械に対する自動化・システム化要請が強くなる」という将来の"あるべき姿"を明らかにした段階で課題を明らかにすることができています。

また，ある会社のQCサークル推進事務局は，自社のサークル活動にやらされ感が蔓延していることを憂慮していました。この憂鬱を払拭するため，サークルの直接上司や管理者を対象として「自社のQCサークル活動は如何にあるべきか」という聞き取り調査を行い，得られた言語データを用いて親和図を作成してみました（図2.3）。

この親和図を見ても感動する内容は見当たらないかもしれません。しかし，サークル活動に求められるいろいろな事柄を言語データとして表出し，それらの言語データが語る親和データの作成を通じて得られた結論には，サークル活動の原点が散りばめられていると感じる読者が多いのではないでしょうか。もし，そう感じたとすれば，それらの原点と現状を比較することで解決すべき問題を発見することができます。

第2章　問題や課題の認識

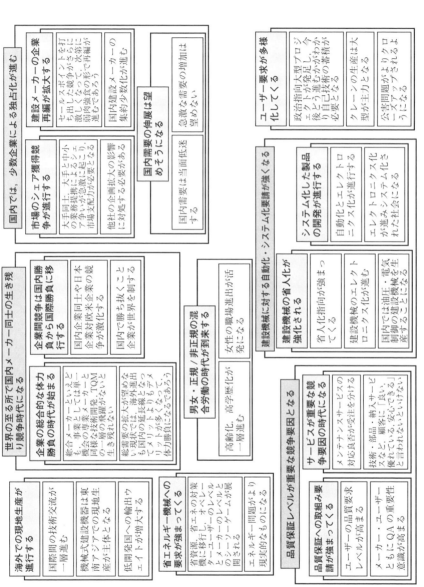

図 2.2　将来のものづくりにおけるあるべき姿

2.4 問題認識のための考え方

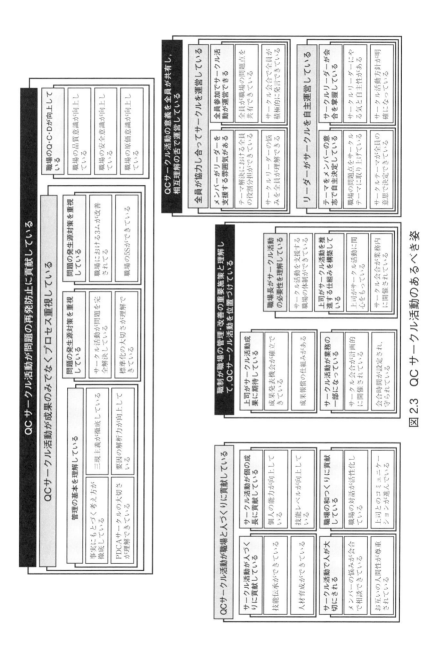

図 2.3 QC サークル活動のあるべき姿

2.4.3 常識を否定してみる

　単身生活を経験したことのある読者であれば，一度ぐらいは目玉焼きを作ったことがあるでしょう．目玉焼きを作るには，「フライパンを加熱する」→「フライパンが一定の温度になったなら，フライパンに油をひく」→「お皿に卵を割って入れる」→「お皿の卵をフライパンに入れる」→「卵の表面に白い幕ができる」→「加熱を止める」→「しばらく放置する」という手順に従えば，"極旨！"とまではいかなくても"美味しい"目玉焼きを作ることはできます．

　しかし，ゆで卵を作るとなれば話は別です．それは，目玉焼きのようにできあがっていくプロセスを見ることができないため，幾度かの失敗にもとづく経験則が必要となるからです．ここで，ゆで卵を作るプロセスは図 2.4 のように説明できます．

　もし，お客さまの注文を受け取ったあなたが「お湯を沸かす」業務を担当しているとき，「卵を煮沸する」工程の担当者に「お湯が適温である」ことを保証したければ，温度計を用いるなどして，お湯の温度を確

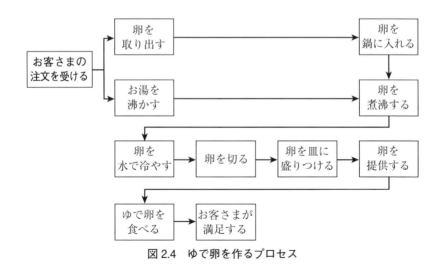

図 2.4　ゆで卵を作るプロセス

認するでしょう.

　しかし，温度計が壊れていて使用できなかったとすればどうするのでしょう.「鍋に手を入れて温度を感じればよい」というかもしれませんが火傷を負ってしまいます.このようなとき，水の初期温度に対応した標準煮沸時間を設定しておけば，火傷を負うことなく，お湯を適温にすることができます.

　「温度計があるからトラブルは起こらないはずである」という常識にとらわれることなく，「もし温度計が使えなくなったとすれば……」と常識を疑ってみることで，「作業マニュアルの未整備」という重要な問題を発見したことになります.

2.4.4　故障モードと影響を考える

　私たちは，「これまでうまく行っていた標準に従っているから問題はない」「先輩から継承した方法を使っているから問題はない」などと考えてしまうことがあります.しかし，これまでに機能していた標準や方法は，その時代に機能していたものであって，職場の内部環境や顧客ニーズなどが変わった現在においても機能するとは限りません.

　そのため，これまでに機能していた標準や方法にある故障モードを図2.5 に示す FT 図の適用によって明らかにするとともに，「それらの故障モードが求められる出力にどのような影響をどの程度与えるか」「故障モードが出力に影響を与える原因には何があって，どの程度の頻度で発生し，検出の難易度はどの程度か」などを図 2.6 に示す FMEA を適用することで考慮し，適切な未然防止策を講じる必要があります.

2.4.5　ベストプラクティスとの比較

　問題を発見するためには，日常業務を通じて，「何かムダやロスはないのか」「これで本当に充分なのか」と問い続ける問題意識をもつこと

第 2 章 問題や課題の認識

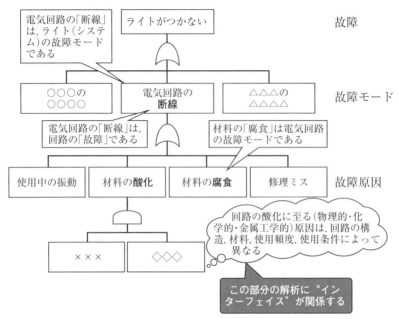

図 2.5 「懐中電灯のライトがつかない」に対する FT 図

工程	機能/要求事項	故障モード	影響	原因	対策
スイッチ組立	接触子Dと接触子Eに電流を流せるようにする	異物噛み込み	導通しない可動しない	バネと接触子Dの間に異物混入	工程内の定期清掃, 作業者の防塵服着用
				バネ大が取付けガイドからずれている	バネ大の規格外れ品の混入防止
		バネ大とバネ小の絡み		取付け時のバネの変形	取付け治具の作成

図 2.6 懐中電灯のスイッチ組立工程における FMEA の一部

が大切になりますが "問題意識を持て！" と言われても簡単ではないかもしれません．QC サークルリーダーを拝命したあなた，日々自己成長を期しているあなたがもっとも悩んでいることが，この "問題意識の向

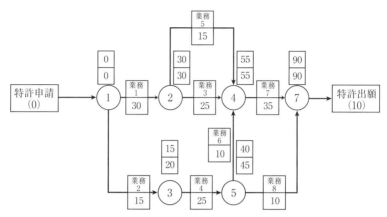

図 2.7　直近の特許申請から出願までのプロセス

上"なのかもしれません．そんなあなたに朗報です．問題意識をもつための基本は，次の事例が示すようにベストプラクティスや成功事例と自己を比較することなのです．

　自動車の自動変速機を開発・設計・製造しているアイシン・エィ・ダブリュ㈱の技術本部の知財担当部門に働く鈴木氏[4]は，技術部門から申請のあった特許案件を役所に出願する業務を担当しているのですが，「特許出願業務のリードタイムが長い」と感じていました．そこで，直近の特許出願プロセスに対する図 2.7 のようなアロー・ダイヤグラムを作成してみました（実際のものはもっと複雑です）．

　このようにアロー・ダイヤグラムを作成してみると，特許申請から出願までに 90 日を費やしており，申請者から"ゆっくりした業務"と揶揄されている実態が明らかになりました．

　もし，特許出願業務のリードタイムが 30 日と設定されていたとすれば，これで問題を発見できたと考えることができます．しかし，同氏は部門の潜在する問題点を具体化するため，特許申請から出願までを最短で終えた成功事例（ベストプラクティス）との比較を行うことにしたので

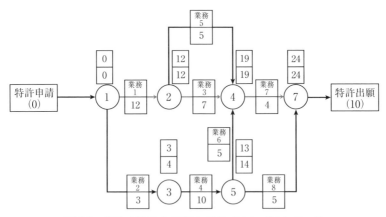

図 2.8　特許申請から出願までのベストプラクティス

す．そのベストプラクティスを調べてみると図2.8のようになっていました（これも実際のものとは違います）．

　この2枚のアロー・ダイヤグラムを比較することで"あるべき姿"と現状のギャップに驚くことになり，問題意識のなかった人でも問題を認識せざるを得ないことでしょう．

2.4.6　上司方針を確認する

　サークル活動が活性化するかどうかを決定する切り札の中に上司の関心度があります．これまでのサークル会合を通じて職場の困り事として登録された問題を取り上げることが多いものですが，それらを上位方針との視点で見つめ直すため，上司の方針書や年度実行計画書を読み直し，彼らの期待することを確認しておくことも大切になります．

　自動販売機を製造・販売している某社の製造工場・製品加工課長による2017年度の実行計画書に「自工程完結活動の推進による製造ロスの低減」が記されていました．この会社では，各サークルが上司方針を反映した問題を取り上げることを推進していて，年初に課長の参加する

2.4 問題認識のための考え方

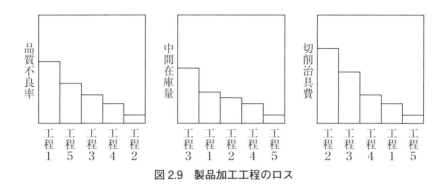

図 2.9 製品加工工程のロス

"サークルリーダー会"が開催されています．

あるリーダーが，「製造ロスの構成要素には品質不良やムダな作業工数あるいは切削治具の寿命未達に起因する副資材などがあります．自工程完結というのはわかりますが，課長が製造加工ロス低減で狙っている重点は何ですか？」と質問しました．これに対して，課長から図2.9の実績が示されました．

この資料を見ると，工程1のサークルには品質不良の低減，工程2のサークルには切削治具費の低減，工程3のサークルには中間在庫量の低減を課長が期待していることがわかります．多くの製造現場には，生産管理ボードとして，このような実績を記したものが掲示されているのですが，そこには日々や週次あるいは月次データが示されることが多く，年度のデータは課長が把握しているのみであるということも少なくありません．

2.4.7 業務分担を確認する

企業活動は，多数の人々が，それぞれの専門能力を発揮できるように業務分担の仕組みが構築されているものです．そこでは，各人の専門能力を発揮して業務の効果と効率を高めるのみならず担当業務に対する技

29

第2章　問題や課題の認識

表2.1　役割分担表

		特許申請技術者	知財受付担当者	文書検討担当者	外部機関担当者
特許申請	特許を申請する	R	I		
特許書類受付と情報収集・分析	特許書類を受け付ける		R/A		
	特許関連情報を収集する	C		R/A	
	知的所有権侵害の有無を判定する	C/I		R/A	
特許書類の審査	申請書類の妥当性審査を依頼する			R	
	申請書の記述内容を審査する				R/A
	内容修正を付けて返送する				R
	修正書類を受け付ける		R		
	修正書類を修正する	R			
	修正書類を受け付ける		R		
	内容修正の妥当性を確認する	I			R/A
特許出願	特許を出願する	I	R		

術や技能の向上を図るという考え方にもとづいて業務の種類や範囲に応じて担当者を決めています(表2.1).

　なお，表2.1における記号は，R(Responsible：作業を実行している人)，A(Accountable：承認する人)，C(Consulted：事前に相談または合意する人)，I(Informed：事後報告する人)を表しています.

　この表を，作業ごとに横方向に見ていくと，実行責任者が複数いて役割分担が曖昧になっていたり，承認する人がたくさんいて承認権限が曖

昧になっていたり，事前に相談しなければならない部署がたくさんある
ことなどが一目瞭然になります．また，縦方向に見ていくと，どの担当
者またはどの業務に負担が集中しているか，どの業務がボトルネックに
なっているか，どの担当者またはどの業務に余裕があるか，権限移譲が
適切に行われているかなどを把握することができます．

　ある自動車の基幹部品を設計・製造・販売している会社では，車両メ
ーカーからの受注量が大きく変動するため，多数の期間従業員を採用す
る業務で人事採用部門が混乱し，製造部門においては職長や班長を中心
とした技能育成に疲弊しているという問題に直面していました．これを
解決するため，営業部長の編成した特別プロジェクトが車両メーカーの
販売台数予測という問題にチャレンジすることになったのですが，うま
くいきません．

　あるとき，メンバーの1人の「我々は，製造部門の1人当たり生産性
や工程能力，修理系設備に対する平均故障時間間隔 MTBF や非修理系
設備に対する平均復旧時間 MTTR などを理解することなく，受注獲得
に邁進しているのではないか」という発言を気づきとして，同社の慢性
問題の解決に立ち向かったのです．

　あなたの業務のアウトプットは，次の工程に対するインプットとなっ
ています．したがって，あなたの業務は次の工程を含めた後工程全体に
満足してもらえるものでなければいけません．顧客第一の考え方や後工
程はお客さまという考え方を実践するためには，後工程を含む顧客があ
なたの業務に何を期待しているのか，後工程の抱える問題は何なのかを
積極的に聞き取ることで得られた情報を言語データとして把握すること
が大切になります．

2.4.8　素直に考える

　谷津[6]は，「今日までのよいやり方は，明日のより良いやり方を発見

する阻害要因になることがある」と言って，過去を疑うことの重要性を指摘しています．また，松下幸之助氏は，「素直な人は改善できる」と言い，「自分に対して，他人に対して素直であること」を社員に徹底したといいます．さらに，本田宗一郎氏は技術者に対して，「買わない顧客からはクレームが来ない．クレームが来ないことが，必ずしも良いことではない．」と教えたといいます．少し古い話にはなりますが，ヤン・カールソンは著書『真実の瞬間』[7]の中で，「顧客が気づいている欲求や苦情の中で，提供される製品やサービスに対して意見を言う人は25％である」と述べています．B2C ビジネスの場合，市場シェア 100％の会社であれば 25％の顧客の声を聞くことができるのですが，シェア 20％の会社であれば，わずか 5％の顧客の声しか聞こえていないのです．

　これらの話は，私たちの経験や知識は常に不完全であるため，業務の中にある故障モードを見える化した上で，自分や仕組みに対して素直になることで，その故障モードが問題に至る原因を明らかにすることの重要性を示唆しているように思います．

2.4.9　三現主義で考える

　松本晃 カルビー㈱会長から「私は，前職で社長をしていたとき，1年間の大半を営業最前線にいた」という趣旨の話を伺ったことがあります．また，2014 年当時のマクドナルド㈱の原田泳幸会長から「私は，時間のある限り現場に出向き，社員の接客状況を見ている」という趣旨の話を伺ったこともあります．さらに，池田守男 資生堂㈱元社長は，サーバントリーダーシップという崇高な話の中で，「どうすれば営業最前線におけるビューティコンサルタントの仕事がしやすくなるかを知り，支援することが社長の役割である」と述べています．そして，和田明広 アイシン精機㈱元会長から「顧客に聞けば，彼らがどんな新製品

2.4 問題認識のための考え方

を望んでいるかを教えてくれるほど，顧客はやさしくない．顧客を見ることで技術者のもつ思い入れを具現化した上で，顧客に聞くことが大切である」という趣旨の話を伺ったことがあります．

これら賢者の話は，現在または将来を考えたとき，対策を必要とするあらゆる問題の発見においては，現場に出向いて現物を見て現実を知るという三現主義こそが大切であると教えているように思えます．

2.4.10 ムダやロスに着目する

後工程を含む顧客の立場からみたとき，私たちの業務プロセスには多くのムダやロスが含まれているものです．業務プロセスのどこに，どのようなムダが，どの程度あるのかを考えることが問題発見において重要な視点の一つです．

業務プロセスにおけるムダの発見については，トヨタ生産方式の中で7つのムダ—「つくりすぎのムダ」「手待ちのムダ」「運搬のムダ」「加工そのもののムダ」「在庫のムダ」「動作のムダ」「不良をつくるムダ」が説明されています．

これらは，ものづくりの現場に限定したことではなく，あらゆる現場に共通するものであって，トヨタ生産方式の創始者である大野[8]は，「標準を守り，標準に従った作業を行う中で，もっとよいやり方があるのではないか」と考えることが問題発見につながるということを述べています．また，自工程完結の提唱者である佐々木[9]は，「現場作業の大部分は標準化できるが，自分の業務プロセスを見える化できている部署は少ない」と言い，業務プロセスを可視化することの重要性を教えています．

ある自動車部品メーカーにお邪魔したとき，「この生産工程のサイクルタイムは10分に設計されているのですが，昨日は機械の調子が良かったので8分で生産することができました．そのため，生産計画では

33

第2章　問題や課題の認識

8,000 個を生産することになっていたのですが，10,000 個を生産することができました」という話を自慢そうに伺ったことがあります．みなさんはどう思われますか．「すばらしい！」と思われる方もいるでしょうか．しかし，よく考えると，必要のないものを作るのは，「作りすぎのムダ」なのです．

　また，標準作業時間の設定段階で作り込まれるムダということもあります．例えば，A 氏，B 氏，C 氏の作業時間が 10（分），12（分），11（分）であるとき，標準作業時間を $(10+12+11) \div 3 = 11$（分）と平均で設定するか，それとも最短の 10（分）と設定するかという話です．作業時間の長短には作業者の技能レベルが影響するため平均時間を採用したくなるのですが，大野[8]は最短時間を採用すべきであると教えています．それは，最短時間の A 氏の作業方法にはムダがなく，B 氏や C 氏の作業時間にはムダがあるということです．

34

取り上げる問題の選定

第3章　取り上げる問題の選定

3.1　問題選定のためのさまざまな評価法

　ここまでは，"問題の認識"について考えてきました．次は，そのように認識または発見した問題群の中から，3カ月あるいは半年や1年の長い時間を使って全員参加で取り組むテーマである問題の選定について考えます．

　限られた期間と制約される経費のもとで，メンバー全員の共通認識を得て，解決すべき重要問題を選定するためには，

- ●影響度：その問題を放置したとき発生する損失や喪失あるいは低下する顧客の信頼度
- ●発生確率：その問題が職場や会社で再発する確率

の積として定義されるリスクの大きさに着目することが考えられます．

　一方，

- ●効果：その問題を解決したとき得られる有形・無形の効果
- ●時間：その問題を解決するために必要な期間
- ●経費：その問題を解決するために必要な費用

などの総合評価に着目することも考えられます．

　さらには，

- ●上司方針：職場上司の年度実施計画で取り上げられた方針
- ●緊急性：その問題を放置したときに受ける直接的な被害
- ●共有性：サークルメンバー全員の問題に対する共通認識

などを考慮することも考えられます．

　このように，限られた期間の中で制約された経費を使って解決すべき問題を選定するためには，さまざまな視点・視野・視座から問題の重要度を評価することが必要になります（表3.1）．

　ここでは，そうした問題の選定における考え方を紹介したいと思います．

36

表 3.1　問題の評価表

問題	評価項目					総合評価
	効果	実現性	経済性	リスク	上司の関心度	
1	5	5	5	5	5	3125
2	5	1	5	5	5	625
3	5	5	1	5	5	625
4	5	5	5	5	1	625
・ ・ ・	・ ・ ・	・ ・ ・	・ ・ ・	・ ・ ・	・ ・ ・	・ ・ ・
N	3	5	5	5	5	1875

3.2　独自な評価尺度の工夫

　前節において述べたように，さまざまな視点・視野・視座から総合的に重要な問題を選定することが求められるため，問題選定のための定石があるわけではありません．何かの定石にこだわることなく，読者，あるいは，サークル独自の選定ルールを模索することの方が重要なのかもしれません．

　ある会社の QC サークルは，QC サークル会合におけるメンバーの困りごととして認識された複数の問題に対して「改善の要求度」「サークルの能力」「安全優先度」のそれぞれに評価項目を取りあげることを行って，取り上げるべき問題として「導水路保護システムの開発」を選定していました(図 3.1)．

　また，ある車両メーカーの QC サークル活動では，現場で発生している不具合項目に対して，効果として「重要度」と「緊急度」，実現性として「技術レベル」と「技能レベル」を取りあげた独自の評価方式にも

第3章　取り上げる問題の選定

評価項目 / 問題点	改善要求度			サークル能力			安全最優先			総合評価
	緊急性	重要性	実現性	自分たちで解決できるか	データは取りやすいか	メンバー全員で取り組めるか	会社方針にマッチするか	発電所方針にマッチするか	サークル方針にマッチするか	
導水路保護システムの開発	○	◎	○	○	○	◎	◎	◎	◎	1
○○○発電所の特異設備運用技術継承	△	○	○	○	△	○	○	○	△	2
機器障害対応 FT 図活用による復旧時間短縮	○	○	△	○	○	◎	△	○	○	4
機器油流出対応の迅速化	○	◎	△	△	△	○	◎	○	○	3

図 3.1　独自に工夫した問題の評価方式

表 3.2　独自の評価表

不具合項目	効果		実現性		経済性	総合評価	テーマ順位
	重要度	緊急度	技術レベル	技能レベル			
ボディ表面キズ	5	5	3	5	3	1125	1
ボディ表面焼け	5	3	5	5	3	1125	1
塗装物の表面付着	5	5	3	5	5	1125	1
ボルトのクラック	5	5	3	1	3	225	4
接合面破断	5	5	3	1	3	225	4
接合根部クラック	5	5	3	1	1	75	6

とづいて取り上げるべき問題を選定していました(表 3.2).

3.3 実現性の評価

表 3.2 において紹介したように,メンバーのもつ技術力や技能力あるいは問題解決力などの面から問題を納期内に解決できる可能性を「実現性」として評価することがあります.しかし,それぞれの問題を解決する上でどの程度の技術力や技能力あるいは問題解決力が必要であるかが明確になっていることは稀であって,「それがわからないから,本当に取り上げてよいのかどうか不安である」という場合が多いでしょう.

例えば,技術部門において新技術開発に係る問題を取り上げるとき必要な技術や技能あるいは問題解決の方法がわかっているということは稀であって,問題解決の途中で不測の事態が発生するものです.また,製造現場のように定常作業が大半を占める職場と違って,非定常作業が大半を占める営業部門や開発部門の改善活動では「なってみなければわからない」ことの方が多いと思います.

そのような場面では,大日程計画から中日程計画そして詳細業務計画へと PERT(Program Evaluation and Review Technique)や CPM(Critical Path Method)あるいは確率的概念を含んだ GERT(Graphical Evaluation and Review Technique)などを活用したり PDPC(Process Decision Program Chart)を活用したりすることを推奨したいと思います(拙著[10][11]参照).

【事例 3.1】

ある会社の技術部門において試作評価を担当する部署のサークル活動では,取り上げたテーマを納期内に完結したことがないだけでなく,サークル推進事務局からの催促で,残業を行う始末になっていました.

第3章　取り上げる問題の選定

　そのサークル活動の会合において，新人のA氏から，「先週のQCサークル支部事例発表大会で，PDPC法を活用して日程計画を作成していたサークルがあったけど，我々でも使えるのではないか」という発言があり，アロー・ダイヤグラムを作成するグループとPDPCを作成するグループにサークルメンバーを分けて挑戦してみることにしました（図3.2, 図3.3）．

　これらの図を比較すると，図3.2のアロー・ダイヤグラムによる日程計画は図3.3のPDPC法における楽観ルートと呼ばれるものであって，不測の事態を考慮していないことがわかりました．

　すべてのQCサークル活動において，その「実現性」を評価するためにPDPCを作成してほしいと考えるものではないのですが，問題にチャレンジした後に紆余曲折を繰り返すことを避けるためには検討してほしいものであると思います．

　また，経営戦略の世界で高名なドラッカーは，「意思決定における第1の原則は，意見の対立をみないときは，意思決定を行わないこと」であると述べています．問題に対する「効果」「実現性」「経済性」などの

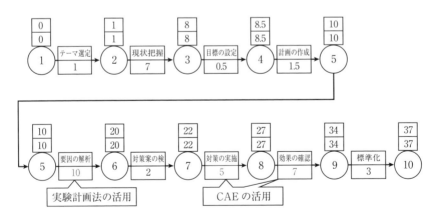

図3.2　アロー・ダイヤグラム法による日程計画

3.3 実現性の評価

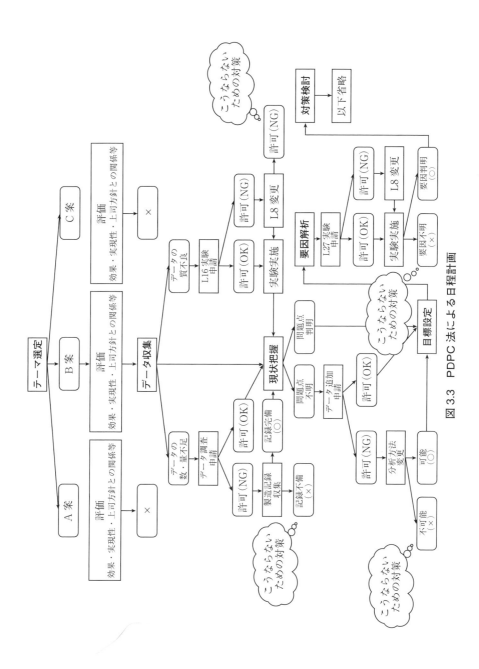

図 3.3 PDPC法による日程計画

第3章　取り上げる問題の選定

評価をしたとき，全員が$5×5×5＝125$と評価する問題であれば，ただちに取りあげるべき問題なのでしょうが，メンバー間の評価が相反するところにおもしろさを求めることも問題の選定における重要な視点なのではないでしょうか.

3.4　必須条件と要望条件

　重要な問題を選定するためには，その重要度を「効果」「実現性」「経済性」などのさまざまな視点・視野・視座から評価することが重要であると説明しました．しかし，そこでの評価のあり方は，それぞれの評価尺度を対等に扱い，各評価尺度に対する「5」「3」「1」などのスコアを掛け算することで評価を行うものでした.

　これに対して，ケプナーとトリゴー[12]は，彼らの開発したKT法に

問題	必須条件			要望条件			リスク	総合評価
	効果	緊急性	実現性	経済性	上位方針	共通性		
A	○	○	○	○	○	○	○	◎
B	○	○	○	○	○	△	○	○
C	○	○	○	○	△	○	△	△
D	○	○	○	△	○	○	○	△
E	○	○	○	○	△	○	△	△
F	○	○	○	○	○	△	×	×
G	○	○	○	×	○	○	○	×
H	○	○	○	○	×	○	△	△
I	○	○	○	○	○	×	×	×
J	○	○	×	—	—	—	×	×
K	○	×	—	—	—	—	×	×
L	×	—	—	—	—	—	—	×

L(間違った問題)，K(優先順位の低い問題)，J(解けない問題)，FとI(危ない問題)

図3.4　発見した問題の分類による評価

42

3.4 必須条件と要望条件

おけるテーマや手段の選択を決定する決定分析(Decision Analysis)における評価項目には，必須(Must)条件と要望(Want)条件があると述べています．そこでは，どれかの必須条件において「×」と評価されたものは削除した上で，各要望項目に対するウェイトと評価点の積和を算出し，さらに，高得点の積和を得た問題や手段に対する副作用やリスクを評価した上で，最終的なテーマ選択を行うことを提案しています．

【事例 3.2】

ある防犯システムを製造・販売している会社の QC サークルでは，評価項目を必須条件と要望条件に分類した上で，問題を 4 つのカテゴリーに分類する工夫を行っていました(図 3.4)．

現状把握

第4章　現状把握

4.1　現状把握のための3つのステップ

　サークル活動を通じて取り上げるべき問題が決定すると，その問題が対象としている特性に関する現状を正確かつ客観的に把握することが大切になります．問題が決まると，過去の経験や知恵などにもとづいて，すぐに対策を検討したくなったり，決め打ちの対策案を実施して効果を確認したくなったりするものです．それでうまく行く場合がないこともないのですが，取り上げた問題を効果的かつ効率的に解決するためには，現状を事実（データ）にもとづいて正確かつ客観的に把握しておくことが結局は王道なのです．

　私たちは，これまでの学校教育において，「次の二次方程式を解きなさい」や「次の運動エネルギー量を求めなさい」といった正解がただ1つの問題に答えることに慣れ親しんできました．しかし，私たちの職場にある問題に対する正解は1つだけとは限りません．また，私たちが選定した問題は，「製造工程における製品不良率の低減」や「受験を控えた子供たちのために個室を与える」などのように，大きくて曖昧な状態にある場合もあります．これらの問題を，与えられた期間の中で実際に取り組むことのできる具体的な問題にブレークダウンする（大きな問題を小さな問題に細分化する）ことが必要になります．

　ベテランになればなるほど，これまでに培った経験と知識にもとづいて選定した問題に対する決め打ち的な対策を実施したくなるものです．しかし，現状をしっかり把握してみると2.3節における非効率な顧客訪問の事例でみられたように，"本当に"解決すべき問題はまったく別のところにあったということも少なくありません．そのため，現状把握においては，

　　ステップ1：現状を調査・分析して，事実を把握する

　　ステップ2：問題を細かく層別あるいは分解して具体化する

ステップ3：具体化された問題に対する優先順位を付ける
という3つのステップを着実に踏襲することが大切になります．以下では，これらのステップを確実に行うために大切な考え方とそこで活用される手法について考えてみます．

4.2　現状を調査・分析して，事実を把握する

建設機材メーカーにおける「将来のものづくりにおけるあるべき姿は何か」や某社のQCサークル推進事務局における「活性化したQCサークル活動とは何か」といった"あるべき姿"が設定されたとしても，それらの"あるべき姿"を実現するためには，現状に対する調査・分析を通じた事実の正確かつ客観的な把握が求められます．この考え方は，方針管理におけるバックキャスティングの考え方として知られるものであって，"あるべき姿"と"現状"のギャップを明らかにすることで，当該年度における重点問題を設定するときの基本となる考え方です．

また，部材のプレス工程においてプレスキズが頻発するため手直しという付加価値の小さい，ある意味でムダな工数が発生しているという現状を受けて，「プレス工程におけるプレスキズの低減」という問題を選定したとしても，製品のキズには多くのものがあり，その発生が特定部位ということも少ないでしょう．さらに，プレスキズの発生がライン立上げ直後であったり設備調整後あるいは材料交換後などであったりすることもあるでしょう．

このような場合には，問題の発生している現場に出向いて，キズの発生している現物を見て，現実を正しく認識するという現地，現物，現認の三現主義の考え方に準拠した事実の把握が求められます．

ここでは，これらを含めて「現状を調査・分析して，事実を把握する」ための重要な考え方とそこで活用される手法について考えてみます．

47

第4章　現状把握

4.2.1　三現主義を徹底する

　日常業務や作業の中で発生している不具合を解決するためには，①どのプロセス（工程）で，②どのような不具合が発生しているのかを現地・現物で確認することが大切です．問題は必ず現場で発生しているため，現地・現物・現認の三現主義の観点から事実を見るようにしたいものです．

　実際，この三現主義の観点から現場を確認して，以下のような視点で物事を観察してみると，原因が見えてくることもあります．

- 疑ってみる．
- 良いものと悪いものを比較してみる．
- 五感（視覚，聴覚，触覚，味覚，臭覚）を働かせる．
- スピードを変えてみる（早くしてみる/遅くしてみる）．
- 拡大・縮小してみる．
- 止めてみる．
- 自ら体験してみる．

【事例4.1】

　ある医薬錠剤品用の樹脂シートを製造している化成製品メーカーでは，素材を加熱処理して製造される樹脂の粘度に上限規格を超えた不良品が発生するという問題に悩まされていました．同社のサークルQCサークルが「樹脂製造工程における不良率の低減」をテーマとして立ち上がり，4Mを中心とした特性要因図にもとづく対策を繰り返してみるのですが，期待するように不良率は低減していませんでした．

　そんなある日のサークル会合で，入社1年目のA君が，"主原料の投入量に対する仕様書は155kgと規定されているけれども，いつも一定値が投入できているものですか"と疑問を呈したところ，"そんな簡単なことでミスっているとは思えない"と一喝されていました．

4.2 現状を調査・分析して，事実を把握する

　しかし，次の日，A君がベテランのB氏による主原料投入作業を見ていると，「含有量30 kgと表示された原料5袋を投入した後，別の袋から5 kgを斤量して投入している」という実態を見つけたのです．「おや！」と思ったA君が，"30 kg入りの袋には，30 kg丁度の原料が入っているものですか？"と問いかけると，B氏は"？？？".

　早速，5袋の重量を計ってみると，30.3（kg），30.2（kg），30.4（kg），30.3（kg），30.5（kg）とばらついていることがわかりました．原料メーカーは，容量不足になると叱られると考えて，30 kgよりも多めの原料を納入していたという笑えない話があるのです．

　先入観をもった判断や勘・経験だけに頼った感覚的な判断では誤った事実認識に至ることがあるため，常に事実に目を向けることが大切になります．

4.2.2　データのばらつきに着目する

　「不具合が発生して困っている！」とはいっても，常に不具合になっているということはないものです．現場で働く作業者や使用している製造機器の状態は時期や時間帯によって微妙に変化していて，調子の良いときや悪いときがあります．また，納入される原材料や部品なども設計仕様で規定された範囲の中でばらつきをもっています．そして，私たちの直面する不具合は，これらのばらつきによってもたらされる製品やサービスのでき栄え（品質）のばらつきによって引き起こされているものです．したがって，現状を正確かつ客観的に把握するためには，製品やサービスの品質ばらつきを確認できるだけのデータを収集することで，データのばらつき（分布）を把握する必要があります．

【事例4.2】

　ある車両メーカーにおけるドアパネルのプレス成型工程には，前工程

49

第 4 章 現状把握

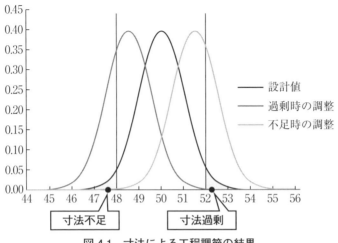

図 4.1 寸法による工程調節の結果

として厚板の樹脂材を裁断する工程があります．この裁断寸法が不足して重量が重くなるとプレス後にバリが発生し，寸法が過剰になって重量が不足するとプレス時のワレにつながるため，裁断寸法は重点管理されています．

この裁断工程のサークル会合において，メンバーのP君から，「裁断寸法を定期的に測定して，裁断工程を適宜調整しているのですが，寸法過剰の不良と寸法不足の不良が低減しないので悩んでいます」という話があって，「調整するのを止めてみたら」というアドバイスがありました．しかし，「寸法ばらつきが大きいので，一生懸命に調整しているのを止めたら大変ですよ」との回答．リーダーが「設備標準にもどして，調整するのを止めてみませんか」と再度アドバイス．その結果，不良率は激減したのです．読者のみなさんには，その理由がわかるでしょうか．

答は，図 4.1 が説明しています．すなわち，寸法不足の結果をみて工程を調整した結果，寸法(X)の分布は右側にスライドし，寸法過剰の結

4.2　現状を調査・分析して，事実を把握する

果をみて工程を調整した結果，寸法(X)の分布は左側にスライドして，結果として寸法不良を増産していたのです.

4.2.3　時系列的な変化に着目する

　私たちの職場で発生している不具合を調査・分析してみると，それらは次の3つのパターンに分類することができます.

(1)　突発型

　突発型は，今までは良かったのに，急に悪くなったという場合です.

　プロセスに変更があったり，担当者が変わったりしたなど，今までの良品条件が何らかの原因によって成立しなくなったことが原因で発生しています. 4M の要因ごとに，良かったときと悪くなったときの状態を三現主義に即して比較することで原因を特定できる場合が多いものです.

(2)　変動型

　変動型は，良かったり悪かったり業務のでき栄え(品質)が一定しない場合です.

　この場合も 4M を中心とした良品条件が変化していると考えられますが，良品条件で取り上げられている要因の間に交互作用の存在していることが原因である場合が多いと考えられます. したがって，不具合事象をトップ事象とした AND 回路と OR 回路をもつ FT 図を作成した上で，直交表実験などの実験計画法を適用することで，原因を追究することが必要になります.

(3)　慢性型

　慢性型は，業務のでき栄え(品質)が常に悪い場合です.

51

第4章　現状把握

　この場合には，工程設計のあり方や作業標準の決め方に問題の原因があることが多いと考えられます．工程設計において4Mなどの誤差因子による影響を軽視していたとか，作業者の必須能力要件に対する見極めが甘かったというようなことが考えられます．基本的には，生産技術問題なのですが，類似プロセスとのベンチマーキングを行うことで原因を明らかにできるときもあります．

【事例4.3】
　ある洋食レストランの隠れた人気メニューであるパンの食べ残しが目立つようになり，お客さまのアンケートにもパンの味に対する不満を指摘する声がみられるようになっていました．そこで，この問題をテーマとしたQCサークル活動を立ち上げることにして，毎営業日の11：00，14：00，17：00，19：00の4時点における食べ残されたパンの平均個数を7日間にわたった記録を取ってみることにしました(図4.2)．
　この図4.2を見ると，食べ残されたパンの平均個数は5.8個程度で推

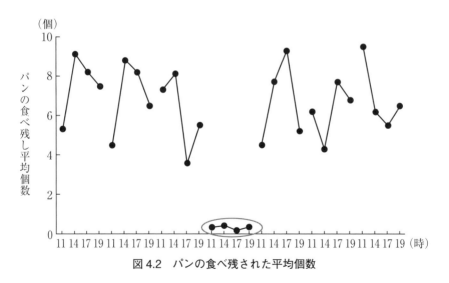

図4.2　パンの食べ残された平均個数

4.2　現状を調査・分析して，事実を把握する

移しているのですが，第4日目の営業日における食べ残し個数はゼロに近い値になっていることがわかります．なぜ，この日の食べ残し個数が極端に小さな値になったのかを調べました．すると，当日は，パン焼き器のオペレーターが急病のため担当者が変更になっていたことがわかりました．

　そこで，当日の担当者と平素の担当者で何が違うかを調べたところ，平素の担当者は，「パンの焼け具合にばらつきがあるのです．そこで，私は焼けすぎのパンを見つけると燃焼器のバルブを閉め，生焼けのパンを見つけるとバルブを開くという操作をしています」というのに対して，代理の担当者は「私は，マニュアルの設定状態にしたままで何もしていません」ということでした．

　この種の慢性不具合に対しては，良いときを異常と考えて，その要因を分析することで問題解決に至ることがあります．

4.2.4　散布図の活用

　現状把握において活用できるデータは，製品や部品に関するものだけではありません．ある場合には，製品の板厚と製品強度のような2個の製品特性，製品加工温度と製品強度のような製造条件と製品特性，製品加工温度と添加剤の添加量のように2個の製造条件など，2つの対になった特性に対する現状把握を行う必要のある場合もあります．

【事例4.4】

　ある会社では，製品の強度不良の低減をテーマとしたサークル活動を行うことになり，最近1カ月間の製造記録から無作為に抽出した50個のデータを用いて，加工温度と製品強度に対する散布図を作成してみました（図4.3）．

　図4.3を見ると，加工温度と製品強度には正の相関関係があり，2つ

53

第 4 章　現状把握

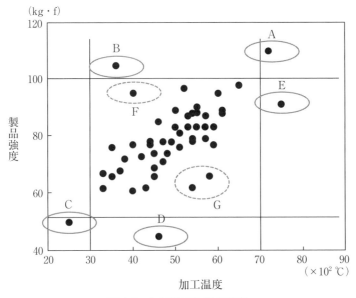

図 4.3　加工温度と製品強度

の特性は二次元正規分布に従ってばらついていることがわかります．しかし，その相関係数は 0.571 と大きくなく，製品強度不良のサンプルが上限規格側と下限規格側に 2 個ずつ発生していることがわかります．詳しく見ると，これらの不良は 2 つの異なる性質をもって，B 不良と D 不良は加工温度が規格内であって製品強度が規格を越えた場合に発生している不良であるのに対して，A 不良と C 不良は加工温度が製造公差を超えて製品強度が不良であることがわかります．また，E の点は，加工温度が上限規格を超えているけれども製品強度は規格内である外れ値であることがわかります．さらに，点線で囲った F と G の 3 点は，加工温度と製品強度が本来有しているべき相関関係を逸脱している外れ値であることがわかります．

　A 不良と C 不良に対しては，製造条件を逸脱した原因を明らかにす

4.2 現状を調査・分析して，事実を把握する

ることで解決できると思われるため，「製品強度不良の低減」をテーマ
とした今回の問題解決では「加工温度と製品強度の相関関係の逸脱原因
の究明」が本質であることになります．

　このように，現状把握を正確かつ客観的に行うことで，当初の問題を
解決するために攻めなければならない問題を具体化することができるの
です．

4.2.5　問題発生の瞬間を見る

　ここまでは，日常業務の中で特性や要因に対するデータが収集・記録
されている場合の現状把握について考えてきました．しかし，私たちが
サークル会合でテーマを取り上げた段階では，テーマに関する測定デー
タが準備できていない場合もあります．その場合には，現状をできる限
り詳細に観察することが大切になります．

　製品のキズといっても，さまざまな種類があります．製品の先端につ
いたキズと底部についたキズでは，言葉としてのキズは同じであって
も，状態も違うでしょうし，その要因も違うはずです．したがって，取
るべき対策も異なってきます．単に"キズ"と考えず，その詳細を見る
ことが大切です．

【事例 4.5】

　ある情報機器メーカーで開発した印刷機の試作試験において，きわめ
て稀に用紙巻込みがありました．その要因を「なぜなぜ問答」で特性要
因図を作成していました．これに対して，筆者が"現象を見たことがあ
りますか？"と質問すると，"コピー機の巻き込み事象の発生頻度が小
さいため，その実態を見たことはありません"との回答でした．しか
し，事象を見たことがないままに，「なぜなぜ問答」を行うことは，過
去の経験や知識のみにもとづく「なぜなぜ問答」になる危険性がありま

第4章　現状把握

す.

　同社では，瞬間を見るために高速度カメラを用いて，現象の発生する
瞬間を捉えるだけでなく問題が解決していました．また，「見えにくい
ものを見る」ためには，「不具合事象の発生したときに設備や作業を停
止する」「現物を拡大する」なども検討する必要があります.

4.3　問題を細かく層別あるいは分解して具体化する

　「製造原価の30% 低減」という課題を与えられたとしても，製造原価
の構成要素には固定費と変動費があり，変動費には不良による損費，ム
ダな工程の存在による労務費，副資材の寿命未達による損費などがあり
ます．また，「組立加工不良率の10% 低減」というテーマを設定したと
しても，加工方法の違い，担当者の体調の違い，使用している部品の違
いなど，生産の4M による違いが影響を及ぼしている可能性がありま
す．さらに，「糖内科における待ち時間低減」というテーマを設定した
としても，診察を受けている患者の病状の違いや性別と年齢の違い，あ
るいは，当日の担当医の違いなどが影響を及ぼしている可能性がありま
す.

　このように，私たちがテーマとして設定している問題には，それを構
成する多数の要素があり，このままでは問題が大きすぎるため，具体的
に解ける世界まで問題を層別したり分解したりする必要があります.

4.3.1　データを層別してみる

　テーマとして設定した問題を具体的に解決できる問題に帰着させるた
めのもっとも基本的な考え方は，

- 一定期間における製品におけるキズの発生件数から発生部位別パレ
ート図の作成

4.3 問題を細かく層別あるいは分解して具体化する

- 一定期間における設備の頻発停件数から停止内容別パレート図の作成
- 一定期間の経理処理ミス件数から処理内容別パレート図の作成

など，問題を構成する要素別の層別パレート図を作成することです．

【事例 4.6】

ある会社の電子レンジ組立工程では，外板部の取付け時にキズが発生していたため，「組立工程における製品のキズ不良低減」をテーマとして選定することにしました．まず，2017 年 2 月の製造記録からキズの種類別パレート図を作成しました(図 4.4)．

この図 4.4 を見ると，「上蓋合わせ部のひっかきキズ」が全体の 50% 強を占めていること，「側部ボルト締めキズ」が全体の 30% 強を占めて

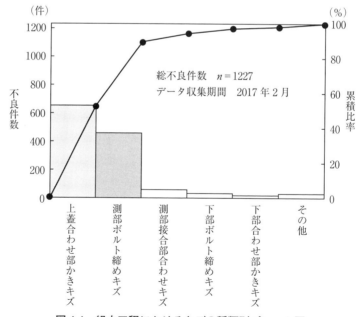

図 4.4 組立工程におけるキズの種類別パレート図

57

第 4 章　現状把握

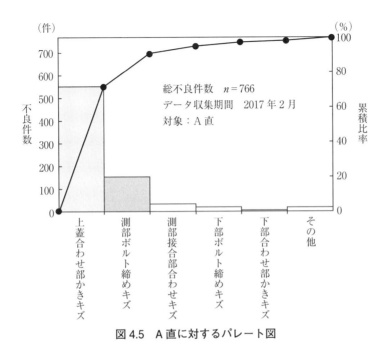

図 4.5　A 直に対するパレート図

いること，それら 2 つのキズ不良で全体の 90% 弱を占めていることがわかります．この結果，「製品のキズ不良低減」というテーマを解決するためには「上蓋合わせ部のひっかきキズ」を解決する必要のあることがわかります．

しかし，このテーマに取り組んだ QC サークルメンバーは，組立工程は A 直と B 直の 2 直体制で編成されているため，それぞれの直別にパレート図を作成することで，図 4.5 と図 4.6 のようなパレート図の作成されました．

これらのパレート図を比較すると，上の結論が少し変わります．A 直では「上蓋合わせ部のひっかきキズ不良」が全体の 80% 弱を占め，B 直では「側部ボルトの締め付けキズ不良」が全体の 60% 強を占めているのですから，それぞれの直において発生している不良をターゲット

4.3 問題を細かく層別あるいは分解して具体化する

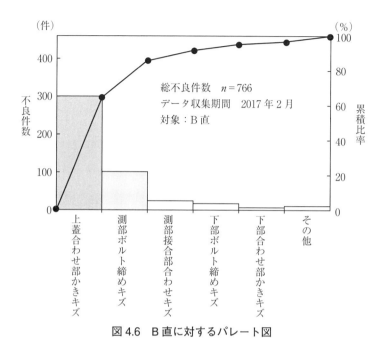

図 4.6　B 直に対するパレート図

にしなければならないことがわかりました．

【若干の注意】

　ある自動コーヒー販売機の外板組立工程における QC サークルは，「組立不良の低減」をテーマとした活動を行うため，現状把握において，組立不良内容別のパレート図を作成してみました(図 4.7)．

　この事例のように，パレート図を作成すると"どんぐりの背比べ"的なパレート図になって問題を具体化することができなくなってしまうこともあります．そのような場合には，問題の構成要素別パレート図ではなく，問題の発生要因別のパレート図を作成してみることを推奨します．実際，この QC サークルで発生要因別のパレート図を作成してみると，図 4.8 のパレート図になり，「締付作業ミスによる不良発生件数の

59

第 4 章　現状把握

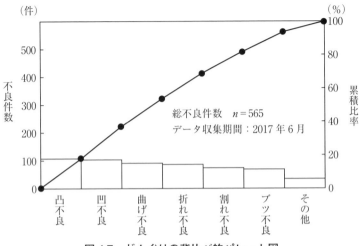

図 4.7　どんぐりの背比べ的パレート図

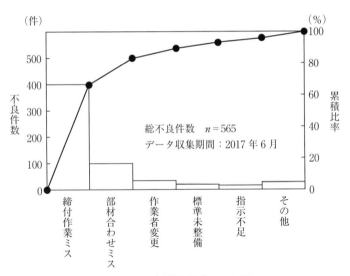

図 4.8　不良要因別パレート図

4.3 問題を細かく層別あるいは分解して具体化する

低減」という具体的な問題を明らかにしています.

4.3.2 プロセスを細分化してみる

　製造工程などのようにプロセスが明確で，データの取りやすい場合には，三現主義に即して現実を認識すれば原因を特定できることが多いものです．実際，製品に品質不良が出るということは，生産の4Mに変化が起こっている可能性があるため，それらの変化が，どのプロセスで発生しているかを把握するだけで問題解決に至ることもあります.

　しかし，JHS（事務・販売・サービス）部門においては，業務プロセスが製造工程ほど明確になっていないため，これらの部門における方々は現状把握のあり方に苦慮される場合があると思います．こうした部門では，職場の業務フローを見える化し，そのプロセスを明確にすることが大切になります.

【事例 4.7】

　ある会社の人事部においては，急激な増産に対応するため大多数の契約社員を受け入れました．しかし，その後に生産量が大きく増減したため，契約社員の退社と入社が繰り返され各種保険の加入・脱退申し込み件数が急増して残業に追い込まれることになってしまいました．そのため，当該部署で働く女性社員を中心としたQCサークルでは，加入・脱退申し込み受付・処理の効率化をテーマとした活動をスタートさせ，ある事例を対象として業務フローを詳細に視覚化することにしました（図4.9）

　このように，業務フローを視覚化し，作業プロセスを分解してみると，どこに問題が隠れているかを明らかにすることができます．このときのポイントは，具体的な作業プロセスを書き出すことです．それによって，現実の業務のどこに，どのような問題が発生しているかを明らか

61

初回受付	相談内容を聞く→	マニュアルを渡す→	マニュアル内容を説明する→	質問を聞く→	質問に対する補足説明を行う→	質問を聞く→	質問に対する補足説明を行う→	質問を聞く
第2回受付	書類を受理する→	必要書類を確認する→	不足事項を特定する→	説明を行う→	不足事項を記載していただく→	不足書類を教える→	申請者が不足書類を確認する→	申請者が不足書類を整える
第3回受付	再提出書類を受理する→	必要書類を確認する→	不足事項を特定する→	補足説明を行う→	不足事項を記載していただく→	不足書類を教える→	申請者が不足書類を確認する→	申請者が不足書類を整える
最終受付	再提出書類を受理する→	必要書類を確認する						

図 4.9　保険加入・脱退処理業務の業務フロー

にすることができます.

4.3.3　MECE の考え方を適用する

　取り上げた問題に対する現状を正確かつ客観的に把握するためには,その問題の構成要素を「もれなく,だぶりなく」調査するという MECE (Mutually Exclusive and Collectively Exhaustive) の考え方が大切になります. 例えば,製品不良の発生状況を調べる場合,個々の製品に対して要求される品質項目は多数あります. このとき,それぞれの製品に対する要求品質項目をすべて調査しなければ,製品不良の項目別の現状を把握することはできません.

4.4　具体化された問題に対する優先順位を付ける

　これは,テーマ選定において優先順位を付ける場合と基本的には同様なのですが,それぞれの問題に対する,

- ●影響度：問題を放置したときの影響範囲や経済的損失の大きさ
- ●発生頻度：その問題の繰り返し発生する頻度・確率

によって明らかになるリスク（＝影響度×発生頻度）を求めることで評価できることがあります．

4.5 現状把握におけるまとめ

　設定した目標と現状のギャップである課題としての問題や設定された目標と現状のギャップである問題の解決を行うとき，これまでの経験や勘をベースにした対策によって解決できる場合があることも事実ですが，その場合であっても現状を正確かつ客観的に把握することが効果的かつ効率的な問題解決を行う上で重要です．特に，これまでの経験や知識あるいは技術が不足している問題の場合には，経験や勘を使うことはできません．そのような状況で経験や勘に頼った対策を実施していると，やり直しが増えるだけでなく，問題解決に至れないこともあります．

　品質管理では，そうしたことを回避するために，一見遠回りしているようであっても，事実にもとづいた科学的アプローチを採用することを推奨しています．データほど事実を正確かつ客観的に表現するものはないのです．三現主義（現地・現物・現認）の考え方をベースとして，データにもとづく現状把握を心がけたいものです．

第5章

目標の設定

第 5 章 目標の設定

5.1 「何を」「いつまでに」「どこまで」

　具体的に取り組むべき問題が設定されると，問題解決活動をスタートすることになるのですが，その前に，その活動によって取り組むべき目標を設定します．辞書(デジタル大辞泉(2018 年 4 月現在))を引くと，目標とは，①そこに行き着くように，またそこから外れないように目印とするもの，②行動を進めるにあたって，実現・達成すべき水準などと説明されています．

　“目標”と似た用語に“目的”があります．しかし，同じ辞書(デジタル大辞泉(2018 年 4 月現在))によれば，目的とは，①実現しようとして目指す事柄，②倫理学で，理性ないし意思が行為に先立って行為を規定し，方向づけるものと説明されています．“目的”は最終的に目指すものであるのに対して，“目標”はその過程で目指すものと理解することができ，例えば，「会社の利益を上げたい」という“目的”を達成するために，「上期の売上を○○○億円にする」という“目標”が設定されるのです．

　別の言い方をすると，家族旅行を計画するときに，「北海道・旭川動物園を見学する」というのは“目的”であって，大阪駅から北海道・旭川動物園に明日の 10 時までに到着する」というのは“目標”となります．「北海道・旭川動物園を見学する」というのでは，その目的を達成する手段を決めることはできないのですが，「北海道・旭川動物園に明日の 10 時までに到着する」という目標を決めると，それを効果的・効率的に達成する手段を選択することができるのです．

　このように，目標の設定においては，「何を(特性値)」「いつまでに(期限)」「どこまで(目標値)」という 3 つのキーワードが必要となります．職場における例でいえば，「A 製品のキズ発生件数を 5 月末までに 50% 低減する」というように設定される必要があります．ここでは，

66

目標の設定において注意すべきことについて考えてみたいと思います.

5.2　目標値は具体的な数値で決める

　「A 工程における B 製品の C 不良率を△△までに○○ % 以下にする」という製造部門の目標における目標値と違って，管理・間接部門などでは目標値を数値で決めることが難しいという意見を聞くこともあります．しかし，目的を達成するためには，「何を」という測定できる特性値が決まれば，それを「どこまで(目標値)」にするかということは決まるはずです．

　例えば，「QC サークル活動を活性化したい」という目的のままで活動をスタートするのではなく，活性化しているかどうかを評価する指標になるがあるかを考えれば，「サークルの定期会合率」「サークル会合におけるメンバーの発言率」「サークル会合における上司の出席率」など，数多くの項目が考えられるはずです．この場合，「目標値を数値で決められない」というのは，目標値は 1 つに限るという誤解から来ている可能性もあります．

5.3　活動計画を作成する

　決められた期限までに目標値を達成するためには，「A 工程における B 製品の C 不良率を△△までに○○ % 以下にする」というように，目標(目標値と期限)を策定しても，サークル活動をうまく進められないこともあります．それは，3 カ月後の目標値を決めただけで，詳細な活動ステップにおける目標(目標値と期限)を決めていないことが原因である場合が多いものです．

　筆者は，この問題を回避するために，「C 不良率を○○ % 以下にする

第 5 章　目標の設定

活動の各ステップにおいて，何(目標)を，どこまで(目標値)にするのか」を設定しておくことを推奨しています．こうすることで，問題解決の大きな PDCA サイクルをまわすために小さな PDCA サイクルを設定して，それぞれのステップにおける効果確認(Check)と処置(Act)をスピーディにまわすことができると体感しています．

　パレート図を使って，問題を層別したり細分化したりすることで，具体的な問題を設定して，その目標を設定したのですが，問題の目標を達成できなかったということもあります．また，ある場合には，問題を解決するためになさなければならないことの 99% を達成できたけれども，目標を達成できなかったということもあります．

　それは，C 製品の不良率という問題を構成している具体的な構成要素である「曲げ不良」「穴不良」などの占有率に目を奪われて，問題解決の困難度を配慮していないことに原因があります．その意味でも，3.3節の「実現性の評価」で述べたように，問題解決のための PDPC を作成しておくことを推奨したいと思います．

第6章

要因の解析と課題の構造化

第6章　要因の解析と課題の構造化

6.1　要因と原因

　第3章と第4章では，認識した問題や課題に関する現状把握を通じて，その問題や課題を具体化することの重要性について説明しました．しかし，「組立工程における製品Aの不良率低減」という問題も，「製品Aのどこで，いつから発生している，どのタイプの不良であるか」を明らかにしなければ問題解決に至ることはできません．また，「化粧品取扱い部門における月間売上高1,000万円を1,300万円に増加する」という課題も，「化粧品部門における，どの商品の売上高を向上することがもっとも優先されるか」を明らかにしなければ課題達成に至ることはできません．

　すなわち，具体化された問題や課題から"本当に"解決すべき具体的な問題に落とし込むためには，発生している問題の原因を明らかにする要因の解析と，設定された課題と現実のギャップを構造化する課題の構造化が重要であるということになります．

　トヨタ生産方式で高名な大野[8]は，要因の解析の重要性を教えるために，次のような逸話を残しています．少し長くなりますが，課題の構造化に通じるところがるため，以下に紹介します．

　ある工場で，ラインの突発停止が発生した．担当者に聞くと，止まった原因は，「モーターに負荷がかかりすぎた結果，配電盤のヒューズが飛んだ」というものだった．ここでわかったのは「①ヒューズが飛んだから」ということである．これも一つの理由になっているが，大野はそこで終わらない．「なぜ，モーターに負荷がかかりすぎたか」を考えることで，「②モーターの潤滑油が不足していたこと」が判明する．さらに，「その潤滑油不足の原因を探る」と「③ポンプの性能に難があり，十分に潤滑油をくみ上げていない」ことがわかる．これで原因にたどりついたかと思えば，そうではない．「なぜ，ポンプの性能が悪かったの

70

か」を調べると「④ポンプの軸が磨り減っていた」ことがわかる．そして，「その軸はなぜ磨り減ったか」を深掘りすると「⑤潤滑油をためるタンクの中にラインから出る切り粉（切削屑）が大量に混入し，それがポンプの軸を異常に磨り減らしていたことがわかった．

これが正真正銘の原因であったという．

これは，5回のなぜ(5Why)として有名な話なのですが，要因の解析の重要性を示唆する貴重な逸話であると思います．

ここで「要因」という用語と「原因」という用語が登場していることにお気づきでしょうか．日常用語では，「要因」と「原因」を厳密に区別することはないと思いますが，品質管理では，次のように，ある意味で厳密に区分して用います．

- 要因とは，5M(ひと，方法・技術，設備・機械，材料・部品，計測)の構成要素などに代表される特性に影響を及ぼす可能性のある要素
- 原因とは，それら要因の中で特性との因果関係や相関関係が明らかになったもの．特に，実験計画法においては，要因を「因子」と呼ぶこともある

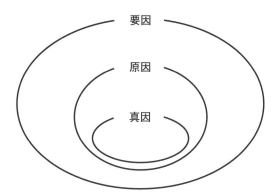

図 6.1 要因と原因および真因の関係

第6章 要因の解析と課題の構造化

品質管理に関するテキストにおいて,「要因とは,重要な原因のことである」として,下線部の語呂合わせで説明されることもありますが,厳密な定義ではないと思います.また,「真因とは,問題となっている特性を解決に導くことのできる原因である」と考えられます.これら要因と原因および真因の関係を図示すると,図6.1のように整理することができます.ただし,QCサークル活動で,実験計画法や多変量解析法などによる因果関係の究明を必要とする真因を明らかにすることは期待されていないかもしれません.

6.2 要因の抽出

「特性に影響を及ぼす可能性のあるものを要因という」と述べると,

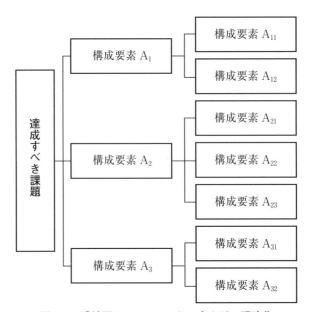

図 6.2 系統図や MECE による攻め所の明確化

「加工品の中にキズの発生する要因」「入学した学生が離学していく要因」「事務処理において書類作成ミスの発生する要因」などのような悪さの発生要因をイメージされるのではないでしょうか.

しかし,支店・営業課長の取り上げた問題が「〇〇〇〇年度の売上高目標△△△億円の達成」であるとき,前年度の目標未達要因に着目することも大切なのですが,それら未達要因のみに着目していては目標を達成できないこともあります.このような場合,達成すべき課題の構成要素をMECEのような考え方を用いて明らかにした上で,データにもとづいて攻め所を特定することが必要となり,これは問題解決型における要因の解析に相当するものであると理解できます(図6.2).

ここでは,こうした要因の抽出を行うために重要な考え方とそこで活用される手法について考えてみます.

6.2.1 ブレーンストーミング

要因の解析を行って原因を見つけ出すために,結果特性に影響を与えると思われる要因を,ブレーンストーミングによる「なぜなぜ問答」を用いて議論します.このとき,"三人寄れば文殊の知恵"という考え方が大切になるため,当該の問題に関係する仕事をしている人はもちろん,関連のある部署の人にも集まっていただくことが大切です.特に,問題に直面している人のみでは,視点・視野・視座が狭くなるとか経験・知識に偏りが出ることで,問題解決に必要な本質を見過ごしてしまう危険性があります.新製品開発段階の設計審査におけるDRBFM(Design Review Based on Failure Mode)を通じて設計変更による心配事を議論したり,プロジェクトリスクマネジメントにおけるリスク抽出のためのミーティングを開催したりする方法も参考になるでしょう.

ここで,ブレーンストーミングを行う際に注意しなければならないこととして,次の4つの原則があります.

第6章　要因の解析と課題の構造化

① **批判厳禁**：「なるほどそうですね．でも，そのアイデアに実現性
はあるのでしょうか」といった批判を行わないことです．発表した
アイデアに対する批判や判断をされると自由なアイデアを発想する
ことを束縛することになってしまいます．判断や結論はブレーンス
トーミングの次の段階に譲ればよいのであって，アイデアを発想す
ることを第一義とします．ただし，可能性を広く抽出するための質
問や意見ならば，その場で自由にぶつけ合うことは許されます．例
えば，「そんなことをするには予算が足りない」と否定するのは慎
まなければいけませんが，「予算が足りないとすれば，どう対応す
る？」と可能性を広げる発言は歓迎されます．

② **自由奔放**：これは「自由闊達な，突飛なアイデアを歓迎する」と
いう考え方です．突拍子もないアイデアや奇抜なアイデアの大半
は，最終的に使われず捨てられることになるかもしれませんが，そ
んなアイデアによって，これまでの経験の中で囚われている枠組み
を打ち破り，新しい視点・視野・視座で問題を見直すことができま
す．

③ **質より量**：よいアイデアを出すことを考えるのではなく，たくさ
んアイデアを出すことを優先するという考え方です．アイデアを出
せば出すほど解決策への手掛かりを考え出せる可能性が多くなるか
らです．

④ **結合改善**：この原則は，「付け足し歓迎」や「便乗歓迎」と表現
されることもあります．すでに出たアイデアを足がかりにして，別
のアイデアを考えることです．自分のオリジナルなアイデアを出す
ことに汲々とするのでなく，「他人のアイデアをもっとよいものに
変えるにはどうしたらよいか」「既出のアイデアをさらに別のアイ
デアに変えるにはどうしたらよいか」などを考えるということで
す．

74

6.2.2　知識データベースの活用

　どんなに多数のメンバーが集い議論するとしても，人間のやることには限界があります．その限界を少しでも緩和するため，多くの企業では，過去の知恵や経験を「過去トラ」や「技術標準」などの形で知識データベース化しているものです．したがって，まずそうした知識データベースを活用することが大切です．

　このように説明すると，QCサークル活動のメンバーから，「私たち職場第一線で取り上げるものの要因を抽出する上で活用できる知識データベースには限度がある」という反論がでてくるかもしれません．確かに，職場第一線において要因を抽出するためには，現地・現物・現認の三現主義の考え方，それらに原理・原則の考え方を追加した5ゲン主義の考え方のフル活用によって，現場に出向き，現物を見たり触れたりすることで，原理・原則の考え方に立って現実を認識することが大切です．

　しかし，「私たちが対策を必要とする事象としているものは，本当に初めて対象となっているのですか」と問いかけると，「はい」という答の帰ってくることは少ないといえます．もし，そうであれば，過去に発生した類似の事象を解決するときに作成した特性要因図や連関図，あるいはFMEA（故障モード影響解析）シートやFTA（故障の解析）シートなどは立派な知識データベースとして活用できることになります．

　この点に関して，筆者が関係する会社において特性要因図やFMEAシートやFTAシートを見せられたときは，「これは，あなた（たち）が作成したものですか？」と質問するようにしていて，「はい」という返答があった場合には，「過去の特性要因図やFMEA・FTAシートをみせてください」とお願いするようにしています．なかなかわかっていただけないことですが，特性要因図やFMEAシートあるいはFTAシートは新規に作成するものでなく改定するものなのです．

第6章　要因の解析と課題の構造化

　作成された特性要因図は，私たちの保有している技術，技能あるいは経験知を表しています．私たちの限られた技術，技能あるいは経験で特性要因図を新規に作成するのではなく，すでに諸先輩方が作成している特性要因図をベースとして，要因を追記することが望まれます．特性要因図は，私たちの技術，技能あるいは経験の宝箱なのです．

　「なぜなぜ問答」といえば簡単なように思われるかもしれません．しかし，ミーティングルームのような現場と離れた場所で「なぜなぜ問答」を行うと，過去の知識や経験にもとづいた「なぜなぜ問答」を行うこととなり，今扱っている事象の本質を浮き彫りにすることは難しくなります．そのため，三現主義や5ゲン主義の考え方に立って，現場で特性要因図を作成するようにしたいものです．

6.2.3　「Is」と「Is not」を考える

　新人メンバーの勉強のために問題の特性に影響しているものを洗いざらい列挙するというのであれば，抜け落ちなくすべての要因を抽出することが必要になるのでしょう．しかし，特性要因図を用いたブレーンストーミングのねらいは，「取り上げている特性に，どこの，何が影響しているのか」を明らかにすることです．

　これを行うためには，発想されたアイデア(要因)が対象としている特性のプロセス(工程)に存在している(Is)のか存在していないか(Is not)を考えながら，親骨→小骨→孫骨→……と要因展開を行うことも大切です．こうすることで，特性要因図を作成してから重要要因を選択するというのではなく，特性要因図を作成するプロセスで重要要因に気づくことが可能となります．

6.2.4　常に検討を加える

　書きっぱなしの特性要因図ではなく，職場の身近なところに掲示して

おくことで，新しい意見を追記できるようにしたいものです．これをシステマティックに行う方法として，福田[13]による SEDAC というマネジメント手法の中で，住友電工㈱が取り組んだ興味ある方法が提案されています．

6.2.5 平均とばらつきは別々の特性要因図で展開する

「A 製品の B 項目に関する不良率」という特性に関する要因を抽出するためには「不良率」という特性のみに着目すればよいとは限りません．「不良率」といっても「不良率の平均」と「不良率のばらつき」では要因抽出のあり方が違ってきます．

QC サークル事例発表大会に寄せていただくことがあるのですが，そこで見かける特性要因図の多くは「A 製品の B 項目に関する不良率」を特性としている場合が多く，極端な場合には「A 製品の不良率」を特性としている場合もあります．この辺りが QC ストーリーにおける特性要因図の"本当の"使い方なのですから注意したいものです．

6.2.6 連関図の活用

グループディスカッションによって要因抽出を行うとき，親骨→小骨→孫骨→……と順序立てて「なぜなぜ問答」を行うことは容易でないかもしれません．その場合には，結果と原因の論理的な関係を矢線(←)によって，自由に発想する手法として，連関図を活用することもできます．

図 6.3 は，「なぜ，モノづくり現場における従業員の業務満足度が低下しているか？」をテーマとして，筆者の研究室に在籍した大学院生を中心とするメンバーが作成した連関図です．連関図を作成すると，この図のように，要因と要因の因果関係を示す矢線が輻輳するものですが，たくさんの矢線が出ている末端に近いカードが重要要因である可能性が

第6章　要因の解析と課題の構造化

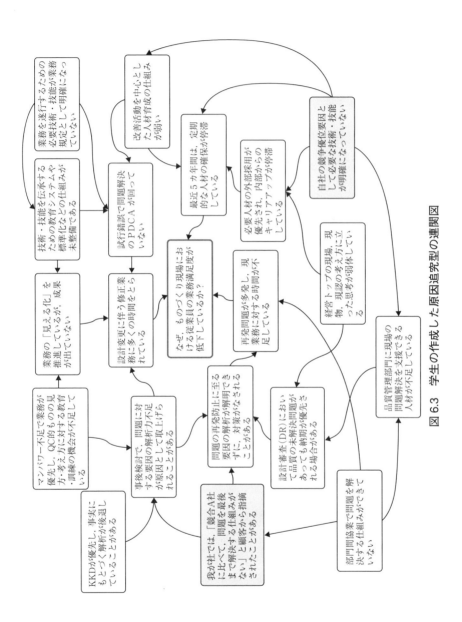

図 6.3　学生の作成した原因追究型の連関図

あります.

　また，課題達成の場合には，「問題←原因」を「課題←手段」と置き換えた方策展開型の連関図によって課題を構造化することができるでしょう.

6.3　攻め所の明確化

　「要因の抽出」という言い方は，問題解決型 QC ストーリーに馴染みのある用語かもしれません．しかし，課題を達成するためには，その課題を構成しているものに，どのような要素があり，それらがどのような関係になっているかを理解しなければ，設定しようとする目標と現状のギャップが何によって生じているかを正しく理解できないと思われます.

【事例 6.1】

　ある会社の工場・原価管理部門では，「3C 活動(3 カ年で直接原価 30％ の低減)による国際価格競争に勝ち残れる圧倒的な低コストの実現」という部長方針を受けた活動を展開していました．その中で，2017 年度の直接原価に対する勘定科目別パレート図と機能部品別パレート図を作成しています(図 6.4, 図 6.5).

　図 6.4 の製造直接原価の視点からみれば，部品費に焦点が絞られることがわかります．また，図 6.5 の機能別原価パレート図からは機能 F1 の原価低減をテーマとして取り上げるべきであるという結論が導かれることになります．しかし，本当にそうなのでしょうか.

　私たちが原価低減を考えるとき，個別原価の視点から問題を取りあげることが多いのですが，部品の機能と原価は比例しているものです．そのため，価値工学(VE)が教えるように，製造原価の問題を考えるとき

第 6 章　要因の解析と課題の構造化

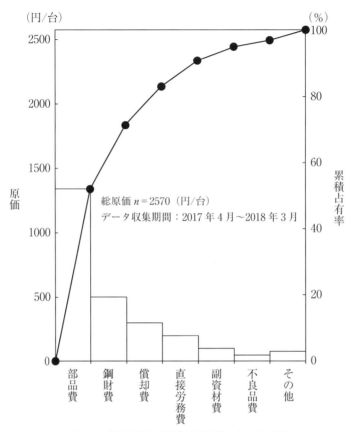

図 6.4　勘定科目別製造直接原価パレート図

は，それぞれの部品に対して，価値＝機能（Function）÷原価（Cost）で定義される価値の視点から考える必要があります．実際，ここでは，表 6.1 の機能別原価計算表にもとづいて，各機能に対する見積原価 - 機能原価のパレート図を作成しています（図 6.6）．

なお，機能係数は，刀根[14]による各機能が果たす役割を階層意思決定（AHP）法によって計算しています．また，機能 F1 を例にすれば，見積原価 655（円）は 400×0.7＋200×0.8＋…＋80×0.0，機能原価 453（円）

6.3 攻め所の明確化

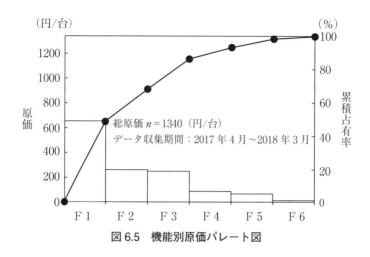

図 6.5 機能別原価パレート図

表 6.1 機能別原価計算表

部品の機能分担率		機能						部品別機能分担率			部品別原価	
		F1	F2	F3	F4	F5	F6	基本機能	補助機能	ロス	見積原価	理想原価
部品	P1	0.7	0.0	0.3	0.0	0.0	0.0	0.80	0.12	0.08	400	344
	P2	0.8	0.0	0.0	0.2	0.0	0.0	0.70	0.20	0.10	200	160
	P3	0.5	0.0	0.0	0.5	0.0	0.0	0.60	0.40	0.00	100	80
	P4	0.3	0.5	0.2	0.0	0.0	0.0	0.50	0.32	0.08	500	330
	P5	0.0	0.9	0.0	0.1	0.0	0.0	1.00	0.00	0.00	10	10
	P6	0.3	0.0	0.4	0.0	0.0	0.3	0.00	0.50	0.50	50	13
	P7	0.0	0.0	0.1	0.0	0.9	0.0	0.75	0.25	0.00	80	70
機能別	機能係数	0.45	0.25	0.15	0.08	0.06	0.01	合計			1340	1007
	見積原価(C)	655	259	248	91	72	15					
	機能原価(FC)	453	252	151	81	60	10					
	価値(FC/C)	0.69	0.97	0.61	0.88	0.84	0.67					
低減余地	C − FC	202	7	97	10	12	5					

第6章　要因の解析と課題の構造化

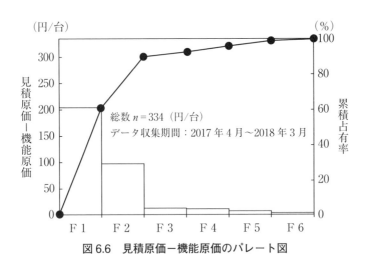

図 6.6　見積原価－機能原価のパレート図

は 344×0.7＋160×0.8＋…＋70×0.0 で計算しています．さらに，部品 P1 の理想原価 344（円）は，400×（基本機能＋補助機能/2）＝400×（0.80＋0.12/2）で計算しています．

図 6.6 を見れば，機能 F1 と機能 F3 の原価差異が大きく，これらを重点的に対策する必要のあることがわかります．原価の世界で考えれば，「部品 A の原価を低減する」というテーマが選定されていたかもしれないのですが，ここでは，「機能 F1 と機能 F3 の原価差異を，2015 年 3 月末までに半減する」という 3C 活動とは異なる視点からテーマを設定しています．

【事例 6.2】

ある会社の人事部・人材採用担当グループでは，顧客の急激な店舗展開を受けて，期間工の採用活動に日夜奮闘していました．しかし，2017 年 4 月～9 月までの採用者数の応募者数に占める比率は 3.8％（109/2872）ときわめて低く，土日出勤と残業の常態化による従業員の士気低下が懸

図 6.7　期間工申込み〜採用までの推移

念されていました (図 6.7).

　この喫緊の重要問題に取り組むこととなった採用グループリーダーの A さんは,「応募者数の増加」が当面の課題であると考え,「ハローワークやホームページなどの募集媒体数の増加」や「応募者の勤務地に近い場所における面接開催場所の増設」などを対策案として検討していました.

　図 6.7 において,一次面接者数の応募者数に占める比率は約 42%(1209/2872) にすぎません.応募したけれども面接に来社しなかった人が半数以上もいます.また,一次面接合格者の一次面接者に占めるは比率も約 28%(339/1209) と低い値になっています.これらの事実は,「応募者数を増加させることで問題が解決できる」ということではないと語りかけているように思えます.実際,応募者の 50% を採用できたとすれば, 2017 年の上期において, 1,400 名を越える期間工を採用できていたことになります.

第6章　要因の解析と課題の構造化

　この点を上司に指摘された A さんは，「一次面接者数の応募者に占める比率が少ない」，「一次面接合格者の一次面接者数に占める比率が小さい」などの根本原因を採用担当グループメンバーの協力を得て探った結果，「応募者の応募要件に対する理解が不十分である」という重点要因を得ました．「多数の応募者が一次面接に合格する」というあるべき姿が未達に終わっている場合の問題は，一次面接の合格率が低いということではなく，そのあるべき姿の実現を阻害している要因であるということを忘れてはいけません．これは，日夜受注活動に奮闘している営業部門における問題を受注目標の未達としてはいけないことと同じです．

　品質管理では，事実にもとづくということを重視するため，見えている事実のみに注目することがあるものですが，そうした事実は氷山の一角であって，真の問題は海の奥深いところにあることがあります．事実に対する「なぜなぜ問答」を行うことで，見えている問題の背後にある真の問題を明らかにする必要があります．

　これらの事例は，問題点を具体化する手法として，パレート図，層別，価値工学，業務プロセスの質，なぜなぜ問答などが有効であることを教えてくれます．特に，層別の考え方は，品質管理の領域に限らずあらゆる問題解決における問題点の具体化において重要であることを教えてくれます．

　ところで，4M による層別の考え方が知られていますが，MECE（もれなく，だぶりなく）の考え方が層別において大切であることはあまり知られていないかもしれません．また，MECE の考え方を実践するためには，系統図の活用が有効なのですが，この目的で系統図を活用することもあまり知られていないかもしれません．「な〜んだ．系統図のことか！」と簡単に考えないでください．本質的な問題を具体化するためには，問題となっている対象の構成要素を「もれなく，だぶりなく」検討することが必要なのです．

84

6.3 攻め所の明確化

【事例 6.3】

　ある会社の製造本部において，競争力のある製造原価を実現することを狙った年度方針を策定することになりました．ここで，本部長方針として「製造原価の一律 10% 低減」という方針を策定することは簡単なことかもしれませんが，それでは魅力や妥当性に欠けた方針になってしまいます．このような場合，図 6.8 に示すように，構成要素展開型系統図を用いて，製造原価構成要素を一次，二次，三次と「もれなく，だぶりなく」展開した上で，どの費目にムダやロスが発生しているかを明らかにする必要があります．

　誰かが気づいている，直近に話題になっている，何となく見えている要素が注目されることがありますが，本当に重要なものは以外なところ

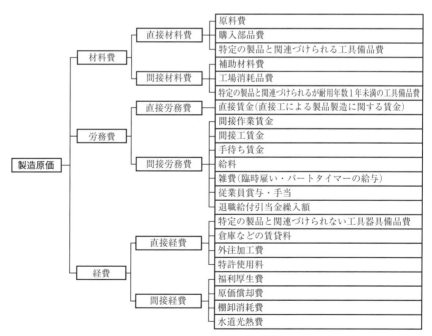

図 6.8　製造原価の構成要素

第6章　要因の解析と課題の構造化

にあることが多いものです.

【事例6.4】

　「見える化」の提唱者である遠藤[15][16]や佐々木[9]が指摘するように，私たちの業務プロセスにおけるムダを発見し，業務のスリム化，効率化を図るためには，業務プロセスの見える化を図ることが大切になります.

　ある会社の技術部の知財課における Change & Challenge サークルが，問題発見のプロセスにおいて特許申請から出願までのプロセスフローを作成したものです(図6.9).

　彼らは，この図から，

①　文書検討担当者の「特許関連情報を収集する」「知的所有権侵害の有無を判定する」ための作業標準類が整備され，的確に活用されているか.

②　外部機関が，「申請書の記述内容を審査する」ために必要な技術情報がわかりやすく整理されているか.

③　特許申請者が，外部機関によって修正された申請書の問題点を正しく理解しているか. また，知財受付担当者は，修正意見の意味を技術者に適切にフィードバックできているか.

など，特許申請プロセスにおける業務の「質」を日々チェックできる仕組みが整備され，改善されているであろうかと問いかけました. そして，彼らは，「顧客満足度のさらなる向上を図るためには，①〜③を評価するための仕組みを構築し，結果を測定することができていなければならない」という結論を導いています. デミングが指摘する，「測れなければ，測らなければ改善できない」ということに気づき，問題の本質を明らかにしています. なお，このプロセスフローには，「技術者や第三者機関の顧客満足を把握するプロセスが組み込まれていない」という

6.3 攻め所の明確化

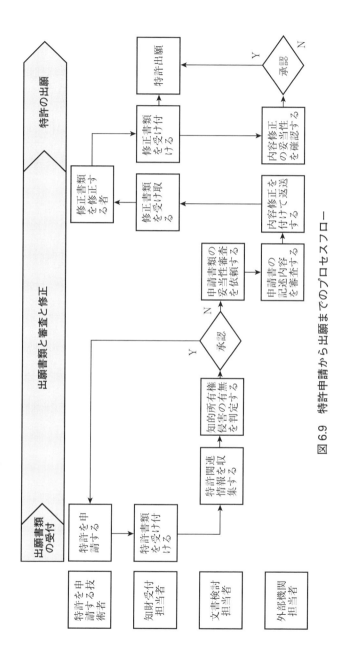

図 6.9 特許申請から出願までのプロセスフロー

87

第6章　要因の解析と課題の構造化

欠点のあることもわかります.

6.4　特性と要因の因果関係を検証する

　特性要因図や連関図で抽出された重要要因は,問題とする特性に対して影響を与えていると考えられるものです.そのため,どの要因が特性と間に因果関係や相関関係をもっているかをデータにもとづいて検証する必要があります.

6.4.1　三現主義と Is, Is not の活用

　「えっ.データをとって検証するの!」「それは大変だよね!」「だから問題解決型 QC ストーリーは嫌いなのよ!」などと言われる読者がいるかもしれません.もちろん,工程記録や検査記録などで,特性と要因の対になったデータがセットとして活用できるのであれば,その対になったデータセットに対して QC 七つ道具における散布図,ヒストグラム,管理図などを活用されればよいと思います.また,そうした記録類に対になったデータセットはないけれども,新規の実験や調査を行うことが可能であれば,それに勝ることはないでしょう.

　しかし,QC サークル活動には最大の強みである現場があります.現場をみたとき,

- 抽出した要因が問題の発生している現場にはある(Is)けれども,問題の発生していない現場にはない(Is not)のであれば因果関係のある要因である.
- 問題の発生している現場にもそうでない現場にもある(Is)のであれば因果関係のない要因である.

ということが検証できたことになります.

　デミング賞で有名なデミングや経営学者のドラッカーが「測らなけれ

ば，測れなければ何ごとも解決できない」と語って，データにもとづく
因果関係の検証を強調していますが，特性と要因の因果関係を明らかに
するためには，可能な限り現場に出向いて，現物を見ることで現認する
という考え方が大切であり，三現主義によって因果関係を検証するとい
う姿勢も大切にしてほしいと思います．

6.4.2　見える化の工夫

　しかし，問題の発生頻度が小さい場合には，現地で現物を見るという
ことにも限界があります．そのような場合には，ビデオ撮影を活用する
ことが有効です．昔々，筆者が(一財)日本科学技術連盟の品質管理ベー
シックコースで開催される班別研究会において，某製鉄会社から派遣さ
れた受講生を指導したとき，「次回までに，あなたの取りあげている問
題に関わる工程を写真にとって来てください」とお願いしたところ，次
月の指導会で「先生．問題が解決しました」というおもしろい体験をし
たことがあります．

　また，ある居酒屋チェーン店においてテーブルに備えてあるアンケー
ト用紙を会計窓口に設置された「お客さまの声」という箱に投函したと
ころ，筆者たちが店を出た瞬間にアンケート用紙を取り出して内容を確
認している場面に遭遇したことがあります．ヤン・カールソン[17]が著
書『真実の瞬間』で述べるようにサービスは瞬間が勝負です．このよう
に，何かの事象が発生している瞬間を見える工夫をすることが，特性と
要因の因果関係を検証する上で有効な場面は数多くあると思います．

6.4.3　層別の活用

　生産の4Mを核として特性要因図を作成したとき，重要要因として
「人・直」「材料・部品」「機械・設備」などに関する層別因子の取り上
げられることがあります．そのような場合には，それぞれの層における

第6章　要因の解析と課題の構造化

特性値の分布（ばらつき）の違いに注目することで因果関係を検証することができます．また，営業部門などでは，PDPCを使って，ベテランと新人の営業プロセスにおける違いを明らかにすることで因果関係を検証することもできます．

6.4.4　統計的手法の活用

西内[17]が，著書『統計学は最強の学問である』において述べるように，物事の因果関係や相関関係を科学的に検証する方法としては統計的手法に勝るものはないといえます．以下では，統計的手法を用いた解析の事例をいくつか紹介したいと思います．

【事例6.5】―ヒストグラムの活用―

ある会社では，海外生産工場において，現地の化学製品の材料をP社，Q社，R社の3社から材料を購入しています．しかし，製品の収率ばらつきが大きいため，特性要因図によって要因の解析を行ったところ，「メーカーによって材料中の酸度に違いがあるのではないか」ということが指摘されたため，各社の材料中の酸度を測定しました．図6.10は，各社の納入記録から100ロットに相当するデータを収集し，全体

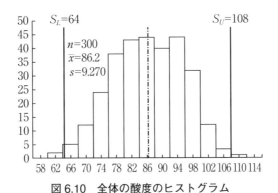

図6.10　全体の酸度のヒストグラム

6.4 特性と要因の因果関係を検証する

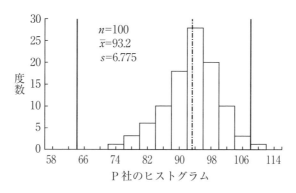

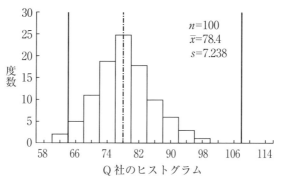

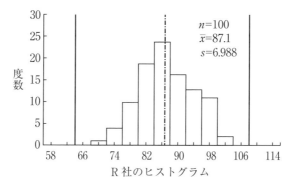

図6.11 各社のヒストグラム

($n=300$個)のヒストグラムを作成したものです.

酸度の下限規格と上限規格を超える不良品のあることがわかります.また,ヒストグラムはばらつきが大きく,一般形というよりも,高原形に近い分布をしていることがわかります.

このヒストグラムをメーカーごとに層別してヒストグラムを作成すると,図6.11が得られます.この図6.11を見ると,R社の材料特性は規格を満たしているが,P社は上限規格,Q社は下限規格を超える不良材の納入されていることがわかります.

【事例6.6】─散布図の活用─

上記事例におけるR社から納入した材料の場合でも収率のばらつきが小さくないかもしれないということがブレーンストーミングで指摘さ

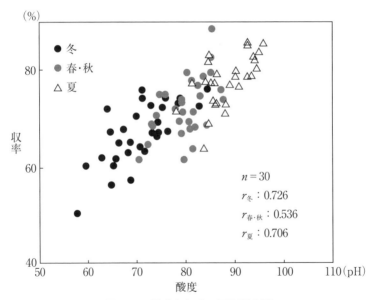

図6.12　酸度と収率の層別散布図

れたため，材料中の酸度 X(pH)と収率 Y(％)の関係を調べることになりました．その際，R社からの納入される材料の酸度 X は春・秋 (Z_1)，夏 (Z_2)，冬 (Z_3) によって変化している可能性が否定できないため，Z_1〜Z_3 のデータを層別して調べた結果を，図 6.12 に示します（ただし，数値は変換しています）．

　この図 6.12 の散布図を見ると，季節による材料中の酸度の変化が収率のばらつきに影響していることがわかりますが，酸度 X と収率 Y の相関関係には，大きな変化はないことがわかります．【事例 6.5】のヒストグラムで R 社の酸度のデータがばらついていたのは，図 6.12 で見られる季節変動が原因であった可能性があると推測され，それぞれの季節における酸度のばらつきは比較的小さいことがわかります．収率を高める目的のためには，夏の状態が好ましいのですが，酸度の規格幅を考えると，春・秋のデータが好ましいことになり，収率を高めるためには，酸度以外の要因を検討する必要性のあることが考えられます．

【事例 6.7】 ─管理図の活用─

　【事例 6.6】の結果から，収率を高めることに影響している要因が何であるかをブレーンストーミングで検討したところ，「副原料の添加量 W が影響しているのではないか」という意見があり，添加量 W のばらつきについて検討するため，春・秋の製造記録から副原料の添加量に関する $\overline{X}-R$ 管理図を作成してみることにしました（図 6.13）．

　この図 6.13 の全体の管理図を見ると，群 No.27 が管理限界を超えていることがわかります．また，設備別に層別してみると，設備 A の群 No.12，設備 B の群 No.3，22 が管理限界を越えていることがわかります．さらに，設備 A と設備 B の間の中心線（平均）が異なっていることもわかります．サークル会合で検討してみたところ，作業者は，原料中の酸度の値を見て，副原料の添加量を調整しているとのことでした．

第6章 要因の解析と課題の構造化

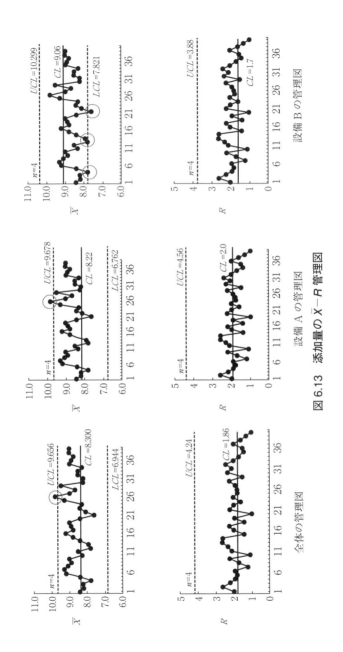

図6.13 添加量の $\bar{X}-R$ 管理図

6.4 特性と要因の因果関係を検証する

【事例6.8】─パス解析法の活用─

　例えば，最高血圧(Y_1)と最低血圧(Y_2)などのような特性と特性，最高血圧(Y_1)と睡眠時間(X_1)のような特性と要因，睡眠時間(X_1)と残業時間(X_2)のような要因と要因など，2組の対になった特性に対するデータの間に相関関係や因果関係がないかどうかを調べます．このとき，コンビニエンス・ストアの「売上高(Y)」に対する「最寄り駅の乗降客数(X_1)」「取扱商品数(X_2)」「店の広さ(X_3)」の関係を調べる場合には，図6.14のような重回帰分析モデルを用いるのではなく，図6.15のようなパス解析モデルを用いると有効な場合があります．

　ここで紹介した【事例6.5】から【事例6.8】までのデータ解析を通じて，作業者としては良いことをしているという認識があったのですが，結果として添加量は管理状態になっていないことがわかりました．そこで，酸度 X と添加量 W および収率 Y の因果関係を調べる方法として，重回帰分析という少し難しい方法を勉強する必要があるという結論になりました．

　このように，QC手法を活用したデータ解析は要因の解析にとって非常に重要で，これらの手法を活用することで，特性に影響を与えている

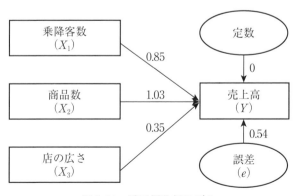

図6.14　重回帰分析モデル

第6章　要因の解析と課題の構造化

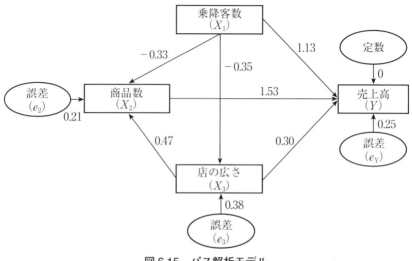

図 6.15　パス解析モデル

原因を特定することができます．特性要因図や連関図を使った多数決で重要要因を決定するという行為ではなく，仮説を選定した後，データでしっかり検証することが大切になることをわかっていただけでしょう．

第7章

対策案の検討と実施

第7章　対策案の検討と実施

7.1 アイデアの抽出

　飯塚と金子[5]のいう「現在または将来に何らかの対策を必要とする事象である問題」を解決するためには，目標を再確認しておくことが必要になります．また，今までのやり方や考え方にとらわれることなく，関係者の知識・経験を総動員して，さまざまな角度から自由な発想でアイデアを発想する必要があります．そのためには，「後工程を含む顧客や上司から意見を聞くこと」「いろいろな視点・視野・視座から考えること」「発想転換を図って，多数のアイデアを抽出すること」などが大切になります．

　アイデアを収集するためには，屋内外における実験や観察による方法，文献調査や関係者への面接あるいはアンケート調査による方法，ブレーンストーミングやブレーンライティングなどの集団思考法，想起法や内省法のような個人思考法が活用できます（図 7.1）．

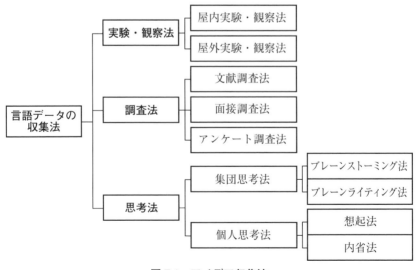

図 7.1　アイデア収集法

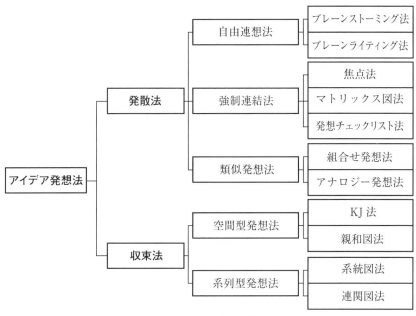

図 7.2　アイデア発想法

　また，アイデアを発想するためには，図7.2に示すような発散思考法や収束思考法などを活用することができます．

　これらの方法を使うにしても，最終的にはメンバーの魅力的な発想が決め手となるため，ブレーンストーミング法の基本である「批判厳禁」「自由奔放」「質より量」「結合改善」の精神を大切にすることが重要です．ここでは，そうした自由な発想を導くための考え方とそこで活用される方法について考えましょう．

7.2　自由な発想を導くための方法

　「自由な発想を得る」とはいっても，何もない状況で発想を得るのは

第7章　対策案の検討と実施

簡単ではないでしょう．これらに対して，以下のような方法を活用する
ことができます．

7.2.1　チェックリスト法

　これは，あらかじめ設定された項目に沿って，思いついたことや考え
られることをアイデアとして生み出していく技法です．その際のチェッ
クリストとして，表7.1の5W1H法や表7.2のオズボーンのチェックリ
スト法などが知られています．

7.2.2　ワークアウト法

　私たち日本人は，ブレーンストーミングにおいて，「こんなこと言っ
て笑われないか」や「見当違いや場違いなことにならないか」などと臆
してしますことがあります．そうした臆病風や心配性を払拭するための
方法として，ブレーンライティング法やワークアウト法を用いることが
あります．

表7.1　5W1H法

	現状	理由（Why）	改善	標準化
目的（What）	何をしている
か	なぜ，そうし
ているか	やめられない
か	何のためにや
るか
場所（Where）	どこでやって
いるか	なぜ，そこで
するか	他の場所でで
きないか	どこですれば
よいか
時期（When）	いつやってい
るか	なぜ，その時
期にするか	他の時期にで
きないか	いつすればよ
いか
人（Who）	誰がしている
か	なぜ，どの人
がしているか	他の人ができ
ないか	誰がすればよ
いか
方法（How）	どのようにし
ているか	なぜ，その方
法でするか	他の方法はな
いか	どのようにす
ればよいか

7.2　自由な発想を導くための方法

表7.2　オズボーンのチェックリスト法

項目	ポイント	例
1.　排除	それをやめてしまったらどうか	牛乳瓶→紙パックに替える（回収の排除）
2.　正と反	それを反対にしたら	献血車が来る→モノが来る（やり方が反対）
3.　正常と例外	それは異常なのか，いつも起こるか	タイムカード廃止→遅刻，残業だけ管理（異常だけ処理）
4.　定数と変数	変わるものだけ例外処理したら	食堂のメニュー：定食とアラカルト（例外処理の工夫）
5.　拡大と縮小	大きくしたら，小さくしたら	ポータブルTV，カセットテレコ（縮小・運搬が容易）
6.　結合と分散	それを結んだら，それを分けたら	トンカチと釘抜きの一体化（機能の結合）
7.　集約と分離	まとめてみる，分割してみる	留守番電話機，貯蔵用トレーラー（集約化）
8.　付加と削除	付け加えてみる，取り去る	ほうき・はたき・ちりとり→電気掃除機（機能の集約）
9.　順序の入替	組み立て直したら，作業手順を入れ替えたら	毛筆の横書き→手ずれを起こさせない（発想の転換）
10.　共通の差異	違った点を生かしてみたら	ボルトの色や形を変える→フールプルーフ（違いを強調）
11.　充足と代替	他のもの使えるか，他のものに替えたら	古傘の骨→洗濯もの干し（廃材の活用）
12.　並行と直列	同時になったら，次々にやったら	ブラインドの掃除→熊手ブラシで一挙に（作業の並列化）

ブレーンライティング法では，

手順1　全員がポストイットなどのカードを5枚程度準備する．

手順2　各自が，それぞれのカードに自分のアイデアを10分ほどの

第 7 章　対策案の検討と実施

　　　時間で記入する.

　　手順 3　司会者の掛け声で，5 枚のカードを隣の人に渡す.

　　手順 4　5 枚のカードに書かれている内容を読んで，「そうなのか．私
　　　　なら……」と思うことがあれば，そのカードに自分のアイデアを追
　　　　記する.

　　手順 5　全員に一巡するまで，手順 3 と手順 4 を繰り返す.

　　手順 6　全員のアイデアを新しいカードに転記して，模造紙やホワイ
　　　　ドボードなどに添付する.

という手順によってメンバーの意見を抽出します．一方，ワークアウト
法では，

　　手順 1　会議の冒頭で，各人がポストイットに意見を書き込む時間を
　　　　つくる.

　　手順 2　誰が言ったことのなかを詮索できないように，模造紙に貼り
　　　　付ける.

　　手順 3　それらの意見を批判厳禁の精神で，司会者が説明し，全員が
　　　　共有する.

　　手順 4　新しいアイデアを結合改善の考え方で追加する.

　　手順 5　最終の提出されたすべてのアイデアは，全員の総意で提出さ
　　　　れたものであることを確認する.

というものです.

7.2.3　系統図法

　魅力ある手段を発想するためには，目標に対する対策案を一次手段→
二次手段→三次手段→……と，逐次的に発想する手段展開型系統図を活
用できます．図 7.3 は，某氏の現在体重 85 kg を 70 kg にするために作
成した系統図を示しています.

7.3 対策案の評価と最適策の選定

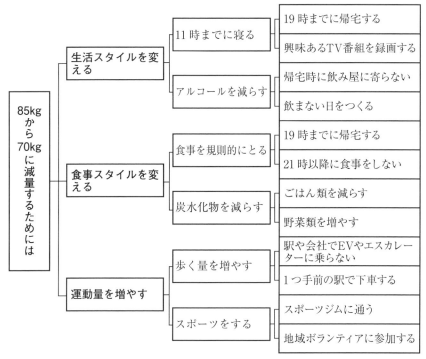

図 7.3　某氏の減量を図るための系統図

このとき注意しなければならないことは，問題解決のための実施期間や投資金額あるいは技術力などの実現性に囚われないことです．また，1つの一次手段に対する二次手段を2つ以上発想すること，1つの二次手段に対する三次手段を2つ以上発想することです．

7.3　対策案の評価と最適策の選定

5W1H法，オズボーンのチェックリスト法，ブレーンストーミング法，あるいは，ブレーンライティング法などによって，図7.3のように

第7章　対策案の検討と実施

系統図（対策）	効果	実現性	コスト	総合評価
生活スタイルを変える — 11時までに寝る — 19時までに帰宅をする	5	1	5	25
生活スタイルを変える — 11時までに寝る — 興味あるTV番組を録画する	3	5	5	75
生活スタイルを変える — アルコールを減らす — 帰宅時に飲み屋に寄らない	5	3	5	75
生活スタイルを変える — アルコールを減らす — 飲まない日をつくる	3	3	5	45
食事スタイルを変える — 食事を規則的にとる — 19時までに帰宅をする	5	1	5	25
食事スタイルを変える — 食事を規則的にとる — 21時以降に食事をしない	5	3	5	75
食事スタイルを変える — 炭水化物を減らす — ごはん類を減らす	5	1	5	25
食事スタイルを変える — 炭水化物を減らす — 野菜類を増やす	3	3	5	45
運動量を増やす — 歩く量を増やす — 駅や会社でEVやエスカレーターに乗らない	3	3	5	45
運動量を増やす — 歩く量を増やす — 1つ手前の駅で下車する	5	3	5	75
運動量を増やす — スポーツをする — スポーツジムに通う	5	5	3	75
運動量を増やす — スポーツをする — 地域ボランティアに参加する	3	3	3	27

最終目標：85kgから70kgに減量するためには

図7.4　系統図＋マトリックス図による最適策の選定

7.3 対策案の評価と最適策の選定

多数の手段が発想されると，それらの中から最適策を選定することになります．そのために，それぞれの手段を「効果」「実現性」「経済性」「リスク」などの観点から評価することが必要になります(図7.4)．

このとき，各項目に対する評価点のつけ方は，以下を参考にして行います．

7.3.1 この対策によっては目標を達成できるか

そもそも，その対策を実施することで目標を達成できるかということ(効果)を考えます．そのため，一つひとつの対策が，問題のどの部分の解決に役立っているのか，目標に対してどれだけ寄与しているのかなどを検討して評価します．

7.3.2 対策を実現できるのか

どんなに目標達成に有効な対策でも実現できなければ意味がありません．それを実施する上での難易度(必要な技術・時間・経験など)を検討して評価します．そのとき，計画に大きな支障がなければ「5」，若干の支障はあるが，メンバーの努力で克服できそうであれば「3」，支障が大きすぎて克服できそうでなければ「1」などと評価します．

7.3.3 対策実施に必要な投資はどうか

各手段を実施するために，どの程度の投資(工数や費用)が必要になるかを評価します．

サークルの直接上司の予算内であれば「5」，工長や係長の予算内であれば「3」，課長の決済が必要な場合は「1」などと評価するとよいでしょう．

105

第 7 章　対策案の検討と実施

7.3.4　対策実施による副作用はないか

図 7.4 では触れていませんが，その手段を実施することで重大な副作用が発生するのでは実施できません．重大であれば「1」，軽微であれば「3」，無視できれば「5」などと評価します．

これらの評価項目に対する評価点をかけ算することによって，総合評価点を計算することが多いのですが，この評価において気を付けなければいけないことがあります．それは，単純な評価点の掛け算による総合点のみで優先順位を決定しないことです．例えば，効果が「5」でありながら，実現性や経済性あるいはリスクの評価点が小さいために採用できない手段のあることです．これらの手段は，総合評価点が小さいからといって捨て去るのではなく，経済性や実現性の評価点を高める手段を考えたりリスク低減の手段を考えたりすることで，粘り強く検討することが重要です（図 7.5）．

なお，最適手段の選定に対しては，ケプナーとトリゴーによる必須

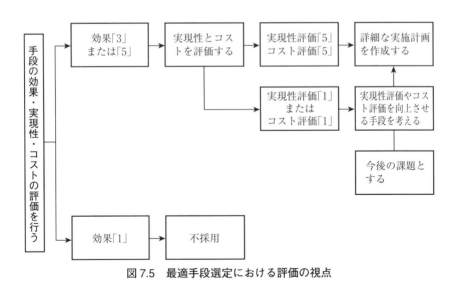

図 7.5　最適手段選定における評価の視点

（Must）と要望（Want）の考え方や階層的意思決定法（AHP）などによる考え方も参考になると思います．

7.4　最適手段の具体的な実行計画を策定する

　最適手段が決定されると，「何を」「誰が」「いつまでに」「どこで」「どのように」行うかを明確にした実行計画を作成するとよいでしょう．

　QCサークルなどにおいて，実行計画にある手段系列をサークルメンバーのみで実行できる場合は少なくて，上司や関係者の協力を必要とする場合が多いと思います．また，対策を実施していると，実行計画作成の段階では想定していなかった障害に遭遇したり不測の事態が発生したりするかもしれません．

　新たな障害の発生する心配がなければガントチャートやアロー・ダイヤグラム法を活用することで，具体的な実行計画を作成することができますが，そうでない場合にはPDPC法を活用することが有効になります．

　図7.6は，QC手法研修会開催概要の決定から開催最終準備までのアロー・ダイヤグラムの初版です．

　このアロー・ダイヤグラムを作成するときの注意点は，以下の3点です．

①　1組の結合点（○印）は1つの作業・実施事項のみを記します．このため，図7.6の2つの点線が表すダミー作業が必要になることがあります．

②　図中にループをつくってはいけません．アロー・ダイヤグラムはフローチャートとは違って時系列的になっていて，過去の戻ることは許されません．

③　不必要なダミー作業を入れてはいけません．

107

第7章　対策案の検討と実施

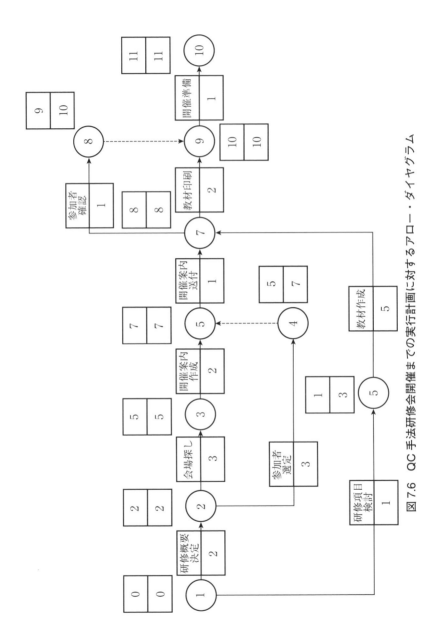

図 7.6　QC手法研修会開催までの実行計画に対するアロー・ダイヤグラム

7.4 最適手段の具体的な実行計画を策定する

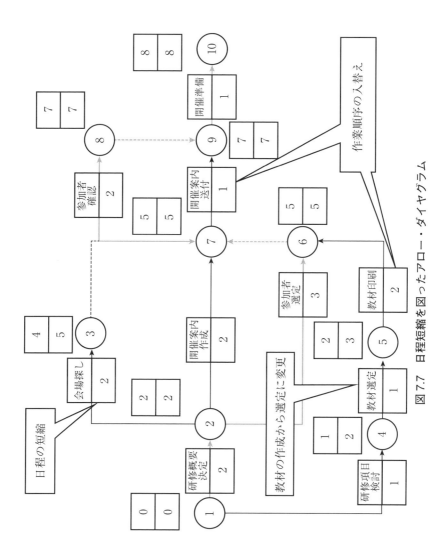

図7.7　日程短縮を図ったアロー・ダイヤグラム

109

第7章 対策案の検討と実施

　この場合には，サークル研修会概要決定から開催準備までに11日の期間が必要になっています．なお，図中の2階建ての箱のうち，②→③→⑤の③における上段は③→⑤の矢線上の作業（開催案内の作成）が開始できるもっとも早い日程，下段は②→③の矢線上の作業（会場探し）を終了しなければならない許される最終の日程を表します．この場合には，「要素作業の並列化」，「要素作業の日程短縮」，「要素作業の分担替え」などを検討することで，図7.7のように日程短縮を実現するアイデアを作成することができます．

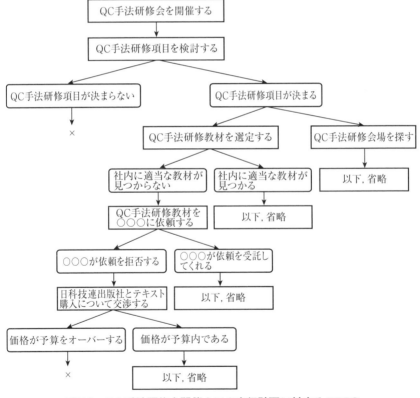

図7.8　QC手法研修会開催までの実行計画に対するPDPC

この PDPC（図 7.8）において 2 カ所の「×」印が記載されています．これは，この事態が発生すると計画が中止になることを意味しています．そうなっては大変なので，こうした事態に至らないための事前に何かの準備をしておかなければいけないことがわかります．

7.5　最適策の実施

用意周到に計画した実行計画であっても，実施に伴って不具合の発生する可能性はゼロでないものです．特に，稼働中のラインでぶっつけ本番を行うと失敗したときはライン停止となって大損失を被ることになるかもしれません．必ず事前にテストを行い，対策の確かさを確認してから本番に臨むようにしましょう．また，事前に関係者に対する教育・訓練を徹底するとともに，関係部署のメンバーに報告・連絡・相談（報連相）を確実に行うようにしましょう．何か新しいことをする場合，それが良いことであるとわかっていても，人は現状を変えたくないものです．「だめだ．こりゃ〜！」と諦めないで，相手がしっかりわかってくれるまで頑張りましょう．

ここで，「今さら報連相！」などと思われるでしょうか．しかし，これが不十分であったために実施に伴って信じられないようなトラブルが発生したり，期待する効果をあげられなかったりすることもあります．ここで，その注意点を紹介しておきたいと思います．

7.5.1　暗黙知の情報を形式知化する

私たちが経験や勘としてもっている知識の中で言語化されていないものを暗黙知といいます．例えば，読者の方々も，リンゴの皮を剝いているとき，ちょっとした不注意で赤チントラブルを起こした経験があるでしょう．また，酔っぱらっていなくても，駅の階段を下りているときに

111

第 7 章　対策案の検討と実施

足を踏み外しそうになったことがあるでしょう．後者の場合には，「手すりを持ちましょう」ということを注意書きすることで再発を防止しているのですが，前者の場合には，経験から学んだナイフの使い方は一生忘れないため改めて言語化されないことが多いのではないでしょうか．

　この後者のように，文章・図表・数式などで説明・表現された知識のことを形式知といいます．「駅の階段における足の踏み外しに注意しましょう」というのではなく，「駅の階段では，足の踏み外しを防止するため，手すりを持ちましょう」というように具体的に情報を伝えないと，勝手に解釈されてしまうことになります．

7.5.2　全体像がわかるように定量的に伝える

　「今週から組立工程における製品のキズ対策を実施します」と伝えるよりも，「今週から 2 週間の間，製造原価低減のため，組立工程における製品と治具のぶつかりキズを半減する○○○対策を実施します」というように，対策の目的と実施内容を含めた全体像を説明しておく方が関係者には正しく情報が伝わりやすいものです．

7.5.3　5W2H に注意する

　報連相を行うときは，どんな目的やねらい(Why)で，何を(What)，どこで(Where)，どのように(How)，いつから・いつまで(When)，誰が(Who)，どの程度(How much)行うかを 5W2H で伝えることが大切です．

効果の確認

第8章　効果の確認

8.1　なぜ目標未達になるのか

　対策を実施した後には，その効果を確認します．このとき，目標の設定で決めた「何を，いつまでに，どれだけ」に対する活動結果を，現状把握のときと同じ要領で確認することが基本ですが，現状把握におけるほどのデータ数や期間を確保することが容易でないならば，統計的検定・推定を必要とする場合があります．

　「組立工程における A 製品の不良率を 6 カ月後までに 30% 低減する」という目標を決めたとき，「6 カ月後に，A 製品の特定項目に対する不良率を半減できた」とか，「1 年後に A 製品不良を 30% 低減できた」というのは，「何を」と「いつまでに」が未達になっていることになるため，大きな効果を得ているのですが，問題解決プロセスのどこかに，何かの問題があったということになるため，目標未達の場合には，しっかり反省する必要があります．

　ここでは，問題解決活動の効果を確認するときに大切な考え方，そこで活用できる手法について考えてみます．

8.2　効果確認のための考え方と手法

8.2.1　有形効果は金額でも評価する

　私たちの業務の「品質」を向上すれば，製品の品質不良率や必要経費，あるいは，仕掛数量や在庫数量などを低減できると考えるため，品質管理は「品質第一」を謳い文句にしています(図 8.1)．

　そのため，「品質」の代名詞である数や量に関する特性値の効果を取り上げることが多いのですが，誰が聞いても理解できる効果金額も評価するようにしたいと思います．私たちの対策実施には何らかの資金を必要とするため，効果金額＝成果(金額)－経費を評価することも大切にし

114

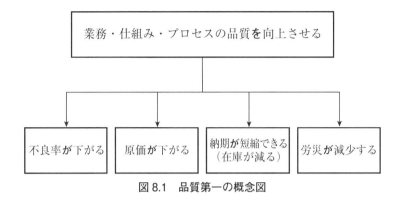

図 8.1　品質第一の概念図

てほしいと思います.

8.2.2　波及効果を評価する

　業務・仕組み・プロセスなどの品質を向上すれば,品質不良に伴う手直しに対する工数(労務費や廃却費),あるいは,使用している加工油や接着剤などの補助材料費に加えて直接あるいは間接のエネルギー費なども連動して低減している可能性があります.QCサークルのみなさんには優しいことではないかもしれませんが,こうした波及効果にも目を向けてほしいと思います.

8.2.3　無形効果も評価する

　サークル活動の効果として,想定している有形効果以外にも,数値化できない,目に見えない無形の効果があるものです.例えば,サークルメンバー間やサークル上司とのコミュニケーションが良くなったりチームワークが良くなったりするものです.また,サークル活動を通じて,QC的ものの見方・考え方が向上したり,QC手法に対する理解度が向上したりすることもあります.さらには,サークル活動を通じて,新人の問題改善意欲が向上したり業務処理技能が向上したりするものです.

第 8 章　効果の確認

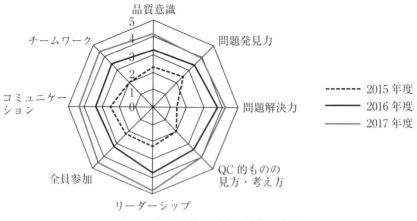

図 8.2　無形効果に対する効果の確認

　QC サークル活動を通じた改善活動が狙っているのは，品質，原価，納期，工数，安全などの直接効果のみではありません．某社では，サークルメンバーやサークルの「①問題発見能力」「②問題解決能力」「③QC 的ものの見方・考え方に対する理解度」「④QC サークル会合における発言率」「⑤リーダーのリーダーシップ力」「⑥技術・技能レベル」など，職場の組織能力の向上も狙っています．その意味で，改善活動が終了した段階でメンバーの意識調査を行い，それらの平均値をレーダーチャートの形で整理しておくとよいでしょう（図 8.2）．

8.2.4　マイナス面の評価も行う

　製品の品質を向上するために，切削刃具の切り替えタイミングを従来よりも早くしたとか，熱処理工程の処理温度を下げてラインスピードを従来よりも遅くしたなどのような話はあるものです．品質面に大きな効果を上げているのは良いことなのですが，それに伴って製造原価が高くなったり生産性が落ちたりしているのは問題です．プラス面を強調するだけでなく，マイナス面も素直に把握しておくようにしましょう．

8.2.5 対策の効果は時間をおいて確認する

　銀行窓口におけるお客さまの待ち時間が対策直後に短くなったからといって，それが先週からスタートした対策の効果なのか，単に気合いを入れたことによる結果なのかを見誤ると不必要な対策案を標準化することになってしまいます．そのため，効果を確認するのは，対策を実施してから数日あるいは数週間を経過して後に行うようにしたいものです．数年前のこと，某電力会社における変電所の QC サークルが対策の効果を 1 年間にわたって確認するという事例に遭遇したことがありますが，これが必要な場合もあるということです

8.2.6 QC 七つ道具の活用

　問題解決型 QC ストーリーが最初に導入された製造現場においては，日々の大量に生産される対象とする特性に関する数値データを活用することができたため，現状把握段階の数値データと対策実施後の数値データを用いてヒストグラムや散布図あるいは管理図を含む折れ線グラフなどを活用することで効果を確認することができました．しかし，技術部門や人事・経理・総務・企画・営業などの本社部門において，対策実施後に大量のデータを入手することが不可能な場合もあります．そうした場合には，データのもつ偶然性を考慮に入れた QC 七つ道具や統計的手法が威力を発揮することになります．また，取り上げている特性値が正規分布（単峰で平均値から左右対称のヒストグラムになる分布）をしている場合には，平均値と標準偏差のみを評価すればよいのですが，売上高のような特性値の場合には右側に長い裾を引いた歪んだ分布になるため，分布形状そのものに注目する必要もあります．ここでは，統計的検定・推定によって効果確認を行う事例を紹介して，その必要性を説明したいと思います．

第 8 章　効果の確認

【事例 8.1】—グラフの活用—

　医療法人㈳青虎会 フジ虎ノ門整形外科病院の健康増進センター看護部(外来)における健康ナビキャッツサークル[18]では,「内視鏡検査の開始時間が遅れて患者様をお待たせしている」という問題に対する改善事例を紹介しています.

　まず,現状把握段階において,内視鏡検査工程の工数(業務処理時間)を調査.標準工数を超える工程に対して,工程別の特性要因図による「要因の解析」で選定されたすべての重要要因(仮説)をデータ検証することで対策案を選定.その効果を,棒グラフによって確認しています(図 8.3).

　この図 8.3 に示すような棒グラフは,QC 改善成果発表大会や QC サークル大会などで頻繁に活用されるグラフですが,効果の確認を行う上できわめて有効なツールです.

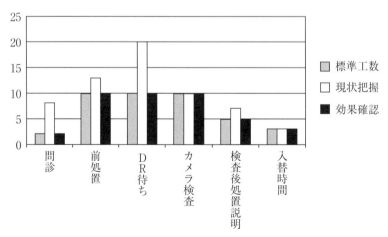

図 8.3　棒グラフによる効果の確認

8.2 効果確認のための考え方と手法

【事例 8.2】—2 つの特性に対する効果の確認—

アイシン・エィ・ダブリュ㈱岡崎東工場の T アルミ・シャフト加工グループにおけるハイバー h サークル[19]では，FR ハイブリッドシステムのアルミ部品の切削加工を担当しています．そこでは，ケース加工機粗材取り付け不良の発生と加工ラインの長時間停止が問題となっていました．加工治具が下降する際に粗材が傾き，着座圧力が上昇せず加工機が停止，クランプピンが粗材に乗り上げ部品変形が発生していました．

設備異常停止 0 件と品質不良率○○(ppm)以下を目標として，特性要因図を活用した要因の解析で抽出された仮説に対する検証実験を実施したのですが効果が見られません．そんなとき，三現主義の基本である不具合発生の瞬間をビデオ撮影することで発生の瞬間を捉えることに成功しました．こうなれば，対策は技術集団のメンバーには容易でした．その効果を図 8.4 のようにグラフ化しています．

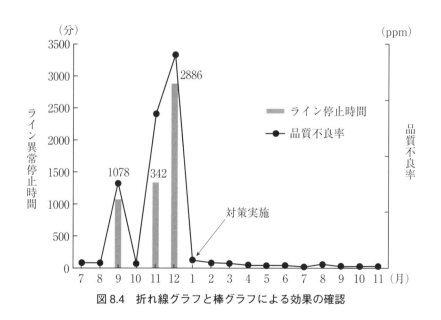

図 8.4　折れ線グラフと棒グラフによる効果の確認

第8章　効果の確認

　このように，2つの特性に対する同時達成度の効果を確認する場合には，第1軸(ライン異常停止時間)に対する棒グラフと第2軸(品質不良率)に対する折れ線グラフの併用が有効になります．

【事例8.3】―項目別不具合発生件数―

　㈱IHIエアロスペースの富岡事業所・生産センター・工務グループのマシンメンテナンスサークル[20]では，生産活動が円滑に行えるよう，設備故障の修理や故障を起こさないための点検整備など，設備の維持管理を主な業務としています．全生産設備の故障件数と設備停止時間を調べたところ，No.1マシニングセンター(数値制御工作機械)がもっとも多く，平均故障間隔(MTBF＝設備の稼働時間/停止回数)は11日であること，それは基板故障によって引き起こされていることがわかりました．

　設備故障件数○○件以下を目標とした要因の解析と対策検討および実施の結果，基板故障はゼロ件となり，MTBFは77日に大幅に向上することができ，その効果を図8.5のパレート図によって確認しています

　このように，改善前と改善後の項目別の不具合発生状況を比較するた

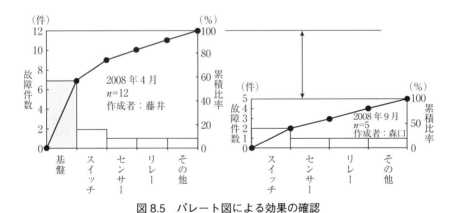

図8.5　パレート図による効果の確認

めには，項目別パレート図が有効です．このような改善前後の比較を行う場合には，①データ収集期間を統一すること，②パレート図を横に並べて配置することが重要です．もし，現状把握と効果の確認におけるデータ収集期間を統一できない場合には，パレート図の縦軸を発生件数ではなく，発生率に変更するなど工夫を加える必要があります．

【事例 8.4】—効果金額—

㈱豊田自動織機・繊維機械事業部・生産部・製造課の JA サブちゃんサークル[21]はサブアッセンブリラインを担当しています．年度の上位方針として「破損金額の低減(対前年度比 50% 低減)」が取りあげられ，現状を調査した結果を図 8.6 のパレート図に整理しています．破損件数の視点では，エルボー破損をテーマとして取りあげるべきですが，上位方針の視点から破損金額の大きなスプロケットギヤ破損を取りあげることにしています．

スプロケットギヤ破損に対する要因の解析と対策検討および実施の結果，パレート図を用いて効果を確認しています(図 8.7)．

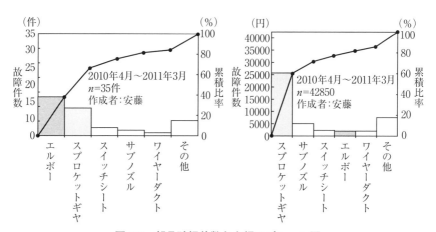

図 8.6　部品破損件数と金額のパレート図

第8章　効果の確認

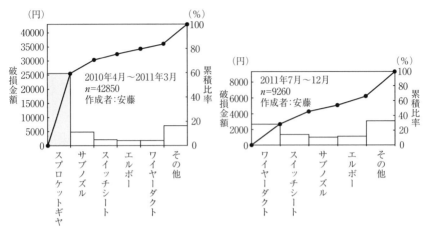

図8.7　効果金額に対するパレート図

　この事例の場合は，テーマが部品破損に伴う損失金額の低減であったため，パレート図を効果金額で表現することが自然なのですが，たとえテーマが品質不良率低減や工数低減などの場合であっても，対策による効果の確認を金額で表現することも大切です．この場合であれば，現状把握段階における損失金額21,425(円)から9,260(円)に57％も低減でき，目標を達成していることがわかります．

【事例8.5】──対策前後のヒストグラム比較──

　トヨタ自動車北海道㈱の品質管理部・品質課におけるコンプリートサークル[22]では，536部品から構成される自動変速機(A/T)の品質保証を担当しています．そこでは，キャリアサブアッシーという自動変速機の中央部に組み込まれた精密部品に，ピンが組付かないという不具合問題に対する改善活動を展開しました．

　シャフト穴とピン穴のズレ角度を穴別に調査したところ，加工精度規格(±0.4度)に対して，マイナス側にズレのあることを発見．その原因

を工程別に追跡調査したところ，シャフト穴荒加工工程におけるズレの発生，ピン穴仕上げ加工工程におけるばらつきの拡大を突き止めました．工程能力指数 $C_{pk} \geqq 1.00$ を目標として，それぞれの要因を解析した結果，前者についてはベース台の傾き，後者については位置決めピンの摩耗が主原因であることを明らかにし，それぞれの改善効果を図 8.8 と図 8.9 のヒストグラムによって確認しています．

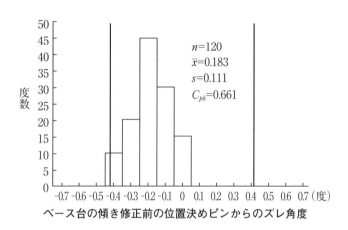

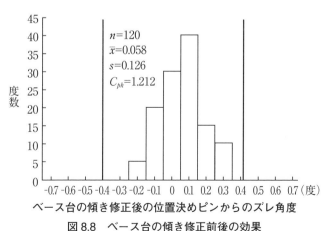

図 8.8　ベース台の傾き修正前後の効果

第8章　効果の確認

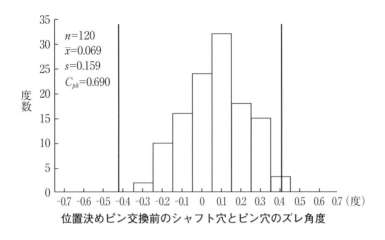

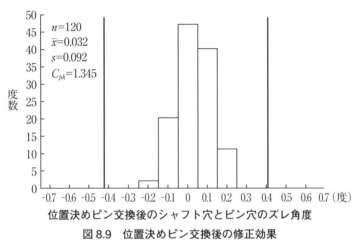

図8.9　位置決めピン交換後の修正効果

　職場の改善成果発表やQCサークル発表大会などにおいて，ヒストグラムを活用する事例は多数みられます．しかし，それは現状把握の段階においてみられるものであって，効果の確認段階になると，平均値，標準偏差，工程能力指数などの数値のみが示されることが多いのではないでしょうか．しかし，冒頭の効果の確認におけるポイントで説明したよ

うに，効果の確認は現状把握におけると同じ形式で行うことが大切であり，現状把握をヒストグラムで行った場合には，効果の確認もヒストグラムを活用することが大切になります(なお，この図の数値は，変換しています)．

なお，ヒストグラムによって改善を確認する場合，①ヒストグラムの区間を改善の前後で共通にする，②得られたヒストグラムを上下に配置することが基本となります．

以上，効果の確認において十分な効果が得られている場合を中心に述べてきました．改善効果が確認できれば，「標準化と管理の定着」の手順に進むことになります．しかし，目標未達の場合には，第6章で説明した要因の解析や第7章で説明した対策案の検討と実施の手順に戻って再検討することになります．

第9章

標準化と管理の定着

第9章　標準化と管理の定着

9.1　標準と標準化の定義

　少し長くなりますが，「標準」と「標準化」の違いを正しく理解していただくために，JSQC選書『品質管理用語85』[3]に紹介されたJIS Z 8101における定義を紹介しておきます.

　標準とは,

(1)　関係する人々の間で利益または利便が公正に得られるように統一・単純化を図る目的で定めた取り決め

　　　注記1　対象としては，物体・性能・能力・配置・状態・動作・手順・方法・手続き・責任・義務・権限・考え方・概念などがある.

　　　注記2　標準を文書化したものを標準書という.

(2)　測定に普遍性を与えるために定めた基準として用いる量の大きさを表す方法またはもの.

　　　注記　例えば，質量の単位の基準となる国際実用温度目盛を実現するための温度定点と標準白金抵抗温度計，濃度の基準となる標準物質，硬さ目盛の基準となる標準硬さ試験機と標準圧子，色の官能検査に用いる色見本など.

と定義されます. 一方，標準化とは，「効果的・効率的な組織運営を目的として，共有に，かつ繰り返して使用するための取り決めを定めて活用する活動」と定義されます(下線は筆者).

　笑い話ですが，銀行の複利率5%の古き良き時代に，毎日100円の効果がある改善の累積効果金額が1億円になるまでの年数(n)は，初項36352，等比1.05の等比級数の和の公式から$n = 99.98$(年)となる. 一方，毎日200円の効果金額があるとすれば$n = 85.93$(年)となって，効果金額を倍にしても，その期間は半分でなく86年間を要する. 大切なのは，改善の効果金額の大小もさておき，歯止めの処置を確実に行っ

128

て，標準を維持し続けられるかどうかということになります．

9.2 日常管理における標準化の重要性

　企業が持続的成長を続けるためには，顧客の期待に応える新たな顧客提供価値を創造し，これを実現する上での組織としての問題に対して全社・全員が一丸となったPDCAサイクルをまわす方針管理活動が必要になります(図9.1)．しかし，製品やサービスを生み出す一連のプロセスにおける4Mを中心としたばらつきと変化によって発生する問題に対する的確かつ迅速な日常管理が弱く，問題意識や品質意識が弱ければ，企業の持続的成長を維持することは不可能となります．また，製品やサービスを生み出す一連のプロセスにおけるあらゆる作業に対する作業標準がなければ，それぞれの担当者が独自のやり方で作業を行うことで，で

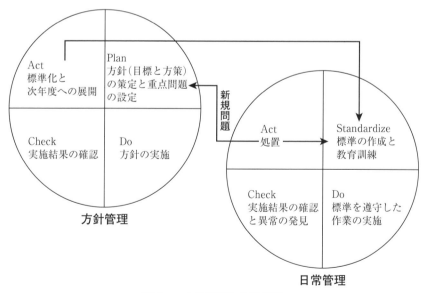

図9.1　方針管理と日常管理

第 9 章 標準化と管理の定着

き栄えの品質にばらつきが生まれます．その結果，品質不良の発生による手直し作業や検査といった付加価値のない作業が生まれることで，生産性の低下，最終的には利益の低減を引き起こしてしまいます．

企業競争力の基盤となる日常管理を強化するためには，一連の業務プロセスにおける作業を標準化(Standardize)し，これを遵守(Do)するとともに，その結果を確認(Check)するプロセスを通じて"何かおかしい"という異常を発見し，その是正処置(Act)を行う SDCA のサイクルをまわすことが基本となります(図 9.1)．

この日常管理(SDCA サイクル)を確実にまわすためには，それぞれの業務プロセスにおける関係者だけでなく，設計部門や生産技術部門の関係者と協力して，どのようにすれば品質のばらつきが小さく，業務効率の良い作業を行うことのできるプロセスになるかを追い求め続けることが大切になるのです．

9.3 標準作成の意義と心得

QC サークル活動において，「頑張って半年間の改善活動を行ったけれども，数カ月したときに元の状態に戻ってしまった」という話は枚挙に暇がありません．誰が作業を行っても，同じ品質が得られるようにするためには，QC サークル活動による改善を通じて得られた効果が定着するまでの歯止めをかけるとともに，製品やサービスを生み出す一連のプロセスにおける作業標準の作成，関係者への報告・連絡および教育・訓練を通じて，これを活用し続ける標準化が大切になります．

この標準を作成することによって，

● 問題解決のために取られた処置が，人の移動とともに忘れ去られることを防止できる

● 標準書は，新人に対する教育・訓練に役立つ

130

9.3 標準作成の意義と心得

- 標準に準拠した業務を行うことで，何らかの変化・変更によるトラブルを起点として，業務プロセスの改善に対する適切なSDCA(日常管理)を行うことができる

というメリットがあります．しかし，標準を作成すれば終わりでなく，担当者が標準どおりの作業を行うために必要な技能・技術の教育と訓練が大切になることに注意しましょう．

また，私たちの職場に与えられた作業標準，技術標準，あるいは，作業マニュアルなどの標準類は，作業や業務の品質を，より確実に，より早く，より安全に実現するための知識データベースの役割を果たすことも期待されています．したがって，これまでの標準類が前提としていた前提条件が変化した場合や何らかの異常が発生した場合には，SDCAサイクルを通じて標準類を改定する必要があります．このように，標準を制定あるいは改定する場合には，以下の点を考慮しておくとよいでしょう．

- 作業手順書や業務標準書などの標準を作成するときには，5W1Hを基本とする．特に，仕事を正しく理解するためには，「なぜ(Why)，その標準が必要か？」という標準の必要性を明記しておきます．
- 標準は文書化され，関係者に適切に，正しく伝達される必要があります．新しい業務が立ち上がったときに想定外の混乱を引き起こす原因の一つとして，「新規に導入された標準が適切に伝達されていなかったために，徹底されなかった」という事例は枚挙に暇がありません．
- 新しい標準が適切に運用されるためには，今までの仕事のやり方を変えなければならないため，「あれ！」という抵抗が生まれることがあります．標準を作成するときには，教育・訓練の方法も併せて検討しておきたいものです．
- この教育・訓練は，繰り返し，繰り返し行う必要があります．教

第9章 標準化と管理の定着

育・訓練を怠っていると，作成した標準は書棚で埃をかぶったもの
となって，問題の再発を引き起こす原因となります．

9.4 標準の策定手順

ここでは，標準を制定あるいは改定する際の一般的な手順を紹介しま
す(細谷[2]参照)．

【手順1】仮標準を正式な標準とする

改善活動の「歯止め」として作成した仮標準を正式な標準として制定
あるいは改定します．この際，

① キーポイントは落ちなく明確に記述する

② 改定欄には改定理由や年月日を明記する

③ 関係部署の確認と了承をとる

④ 上司の承認をとる

⑤ 社内標準の制改定の実施手続きに従う

ことなどが大切です．また，新しい標準を制定した場合には，社内標準
の管理担当部門から社内標準の分類コードをもらっておく必要がありま
す．

【手順2】管理の方法を決める

苦労して獲得した改善効果が後戻りするようではいけません．改善効
果が維持され，よい状態が継続しているかどうかを調べるため，適切な
結果系の管理項目や要因系の点検項目を用いて，どのように管理してい
くかを定め，QC工程表や工程異常報告書などの標準類を制定あるいは
改定します．

【手順 3】新しい管理の方法を関係者に周知する

打ち合わせ会を開いたり朝会を利用したりして，定めた管理の方法を関係者に説明し，周知徹底を図ります．

【手順 4】担当者に作業のやり方を教育・訓練する

作業標準書を作業者に手渡したからといって，それだけで標準作業の実施を期待することはムリです．作業者の中にはよく読まない人がいたり，内容を間違ったり誤解したりする人がいないとも限りません．職長，工長など「長」と名の付く人は，部下に対する標準作業の意義や作業標の内容を十分に教育・訓練するとともに，それらを遵守しなかった場合に発生するトラブルを周知しなければいけません．

【手順 5】維持されているかどうかを確認する

手順 2 で定めた管理項目や点検項目などの管理特性に対して，チェックシート，グラフ，工程能力図，管理図などの QC 手法を用いて確認します．そこでは，4 M に関する変更点・変化点の発生による工程の異常を早期に発見するため，管理特性に対する管理図による異常早期発見システムの構築が重要になります．

日本のモノづくりが「Japan as No.1」と言われた 1980 年代当時は，多くの職場で管理図が活用されていたものですが，この頃では，多品種変量生産のため工程管理の道具として管理図を活用している職場に遭遇する機会が少なくなっています．しかし，工程異常の早期発見と工程能力を把握するためには管理図に勝る道具はないので，読者の職場で管理図を活用できるところはないか検討してみることを推奨します．

本章を終わるに当たって，「ゆで卵作り」の話を事例として工程管理のために活用される QC 工程表の話を紹介したいと思います．

第9章　標準化と管理の定着

【事例9.1】─ゆで卵作りの工程管理─

　第3章で紹介したゆで卵の生産工程を考えましょう．その生産工程において，湯を沸かす作業に従事している人は，例えば，湯の温度が$80^{\pm 5}$（℃）の範囲に入っていることを次工程に対して保証しなければいけません．そうすると，この人は，温度計を用いて湯の温度が規格範囲内にあることを確認することになります．しかし，温度計が故障している場合もあるため，適当な予備実験を行うことで湯を沸かす時間に対する管理基準として$3^{\pm 0.5}$（分）を設定し，この時間を管理することになるかもしれません．

　また，冷蔵庫から卵の搬出を担当している人は，取り出した卵にキズやワレのないこと，卵が必要な鮮度を維持していることを保証しなければいけません．前者の場合には目視や触指によって限度見本内であることを，後者の場合には生産日を記入した貼付シールを見ることで確認できます．

　一方，卵の煮沸作業に従事している人は，ゆで卵のでき栄えを保証しなければならないのですが，「でき栄え」というのは，卵の殻を剝いた後に包丁で切ってみるまで確認できません．この場合には，卵を煮沸する最適時間を予備実験によって$10^{\pm 0.5}$（分）などと設定し，その時間をタイマーによって管理することになります（図9.2）．

　このQC工程表（QC工程図という場合もあります）は，それぞれの作業工程や作業者が後工程に対して保証すべき結果系の管理項目と要因系の点検項目，それらの管理基準を，設備FMEAや作業FMEAに引き続く検討の結果や過去の知見や経験を踏まえて作成した品質保証のためのナレッジ・データ・ベースの役割も果たすものです．したがって，職長や工長など「長」と名の付く人々は，QC工程表に記載された内容を理解し，すべての関係者に対して，標準の内容と意義を教育訓練する役割を担っています．しかし，工場生技部門で作成されたQC工程表や設

No.	工程	管理対象（What）		管理方法（4W1H で必要なもの）				
		管理項目	点検項目	担当者	器具	方法	管理水準	処置（管理外れ）
1	沸騰	湯の温度		A	温度計	目視	100℃ 以上	
			沸騰時間		アラーム付ストップウォッチ	アラーム	沸騰（泡立ち）	
2	取出	傷		B		目視・手触	傷がないこと	別用途に使用
		（新鮮度）	生産日		生産日表示シール	目視	賞味期限内	廃却
3	投入	傷		C	ざる	目視	傷がないこと	別用途に使用
4	煮沸	（ゆで加減）		D				
			煮沸時間		アラーム付ストップウォッチ	アラーム	1回と3回の間	1回以前→生茹 3回以後→固茹
5	放置	（ゆで加減）		E				
			放置時間		1分計砂時計	目視	砂が空になる	
6	水冷	（ゆで加減）		F				
			放置時間		アラーム付ストップウォッチ	アラーム		

図 9.2　ゆで卵生産工程に対する QC 工程表

備標準書あるいは作業標準書を遵守した作業によっても，設備や材料などの良品条件の変化によるトラブル発生ゼロを確保できないことがあるため，QC 工程表で指定され現場において保証されるべき部品や製品内の欠点数のような管理項目とプレス設備への異物付着個数のような点検項目のばらつきが異常原因や特殊原因によって引き起されたものであるか偶然原因や不可避な原因によって引き起こされたものであるかを管理ツールとして管理図の活用を推奨されています．しかし，多品種変量生産を余儀なくされる国内マザー工場においては，少品種大量生産の頃に威力を発揮した管理図の一般的な活用が難しくなったのか，管理図を用いた工程管理を行う職場が激減しているようにも見えます．

　この QC 工程表における管理図と工程能力調査の活用は，そのテーマ

第 9 章　標準化と管理の定着

だけで一冊の本を書くことのできる内容なのですが，標準化と管理の定着において重要な観点なので，難しいと敬遠することなく，学習に取り組んでほしい事柄です．

おわりに

　本書では，問題や課題を解決するときに先達が開発した QC ストーリーについて考えました．QC ストーリーといえば，施策実行型，問題解決型，課題達成型，あるいは未然防止型などの QC ストーリーが提案され，活用されているのですが，「テーマの選定」というステップを例外とすると，それは問題の解決や課題の達成における一連の手順を教えたものであるということを説明しました．また，「問題」と「課題」を飯塚と金子[5]にいう「現在または将来を考えたとき，何らかの対策を必要とする事象である」というように，統一的に解釈することで，問題解決型や課題達成型の枠を超えた統一的な手順であると説明してきました．

　そして，QC ストーリーの"本当"は，「問題の発見」→「具体的な問題の設定」→「目標の設定」→「活動計画の作成」→「要因の解析」または「攻め所の明確化」→「対策の検討と実施」→「効果の確認」→「標準化と管理の定着」にあると説明して参りました．

　本書を読まれた読者が"何か，おかしいぞ！"という疑念をもたれるとすれば，それは筆者の浅学によるところであって，ご指摘いただき，さらに思慮を深めて参りたいと思います．

　最後に，本書の完成に深い愛情を差し伸べていただいた戸羽節文代表取締役社長をはじめとする㈱日科技連出版社の関係者，『QC サークル』誌の編集委員会のメンバーの方々，『QC サークル』誌近畿編集小委員会・委員の方々には，彼らのご示唆・ご教示を得られなければ，本書の執筆をはじめることも完成することもできなかったと，心より感謝申し上げます．

参考文献

[1]　石川馨：『第 3 版 品質管理入門』，日科技連出版社，1964 年.

[2]　細谷克也：『QC 的問題解決法』，日科技連出版社，1996 年.

[3]　日本品質管理学会 標準委員会：『日本の品質を論じるための品質管理用語85』(JSQC 選書)，日本規格協会，2009 年.

[4]　猪原正守：『新 QC 七つ道具の企業への新たな展開─実践事例で学ぶN7 の活用』，日科技連出版社，2015 年.

[5]　飯塚悦功, 金子龍三：『原因分析─構造モデルベース分析術』，日科技連出版社，2012 年.

[6]　谷津進：『TQC における問題解決の進め方』，日本規格協会，1986 年.

[7]　ヤン・カールソン(著)，堤猶二(翻訳)：『真実の瞬間─SAS(スカンジナビア航空)のサービス戦略はなぜ成功したか』，ダイヤモンド社，1990 年.

[8]　大野耐一：『トヨタ生産方式─脱規模の経営をめざして』，ダイヤモンド社，1978 年.

[9]　佐々木眞一：『自工程完結─品質は工程で造りこむ』(JSQC 選書)，日本規格協会，2014 年.

[10]　猪原正守：『管理者スタッフから QC サークルまでの問題解決に役立つ新QC 七つ道具入門』，日科技連出版社，2009 年.

[11]　猪原正守：『新 QC 七つ道具─混沌解明・未来洞察・バックキャスティング・挑戦問題の解決』(JSQC 選書)，日本規格協会，2016 年.

[12]　C. H. ケプナー，B. B. トリゴー(著)，上野一郎(訳)：『新管理者の判断力─ラショナル・マネジャー』，産業能率大学出版部，1985 年.

[13]　福田龍二：『マネジメント開発のすすめ』，日本規格協会，1994 年.

[14]　刀根薫：『ゲーム感覚意思決定法』，日科技連出版社，1986 年.

[15]　遠藤功：『現場力を鍛える強い「現場」をつくる 7 つの条件』，東洋経済新報社，2004 年.

[16]　遠藤功：『見える化─強い企業をつくる「見える化」仕組み』，東洋経済新報社，2005 年.

[17]　西内啓：『統計学が最強の学問である』，ダイヤモンド社，2013 年.

参考文献

［18］　健康ナビキャッツサークル：「内視鏡検査における待ち時間の短縮」，『QC サークル』，No.584 号(2010 年 3 月号)，日本科学技術連盟(発売・日科技連出版社)，pp.32-35.

［19］　ハイパー h サークル：「Never Give Up〜俺たちの 4 粘改善物語〜」，『QC サークル』，No.628 号(2013 年 11 月号)，日本科学技術連盟(発売・日科技連出版社)，pp.40-43.

［20］　マシンメンテナンスサークル：「No.1 マシニングセンサの故障低減」，『QC サークル』，No.593(2010 年 12 月号)，日本科学技術連盟(発売・日科技連出版社)，pp.36-39.

［21］　JA サブちゃんサークル：「平行ピン圧入作業におけるスプロケットギヤ破損の撲滅」，『QC サークル』，No.618(2013 年 1 月号)，日本科学技術連盟(発売・日科技連出版社)，pp.40-43.

［22］　コンプリートサークル：「6 速 A/T キャリア組付け性向上」，『QC サークル』，No.585(2010 年 4 月号)，日本科学技術連盟(発売・日科技連出版社)，pp.36-39.

索　引

【数字】
4M　7
5M　17，71
5W1H　100
5W2H　112
5Why　71

【A-Z】
CPM　39
DRBFM　73
FMEA　25，26，75
FTA　75
FT図　25，26
GERT　39
Is　76
Is not　76
JHS　61
MECE　62
MTBF　31
MTTR　31
PDCAサイクル　68，129
PDPC　39，40，41，110
QC工程表　134，135
QCストーリー　2
QC七つ道具　117
SDCAサイクル　130

【あ行】
アイデア収集法　98
アイデア発想法　99
あるべき姿　21，22，23
アロー・ダイアグラム　27，40，
　107，108，109
暗黙知　111

影響　25
影響度　62
オズボーンのチェックリスト　101

【か行】
課題　15
課題達成型QCストーリー　3，9
活動計画　68
管理図　93，94
期限　66
業務フロー　61，62
業務分担　29
グラフ　118
系統図　102，103
結合改善　74
決定分析　43
原因　70，71
原因追究型問題　17
現状把握　46，63
効果確認　114
効果金額　121
項目別不具合発生件数　120
故障の解析　75
故障モード　24
故障モード影響解析　75

【さ行】
三現主義　8，32，48，63
散布図　53，92
施策実行型QCストーリー　3，6
質より量　74
重回帰分析モデル　95
自由奔放　74
手段発想型問題　18

141

索　引

詳細業務計画　39
上司方針　28
真因　71
成功事例　27
設定型問題　18
増加問題　17
層別　56
層別散布図　92

【た行】
大日程計画　39
チェックリスト法　100
知識データベース　75
中日程計画　39
低減問題　17
特性値　66
特性要因図　55, 76, 77
突発型　51

【な行】
なぜなぜ問答　55, 73
七つのムダ　33
日常管理　129, 130
日程計画　40

【は行】
波及効果　115
パス解析法　95
パス解析モデル　96
バックキャスティング　47
発生頻度　62
ばらつき　49, 77
パレート図　57
ヒストグラム　90, 122
必須条件　42, 43
批判厳禁　74
評価尺度　37
評価法　36

標準　128
標準化　128
ブレーンストーミング　73, 98
ブレーンライティング　98, 100
プロセス　24, 61
プロセスフロー　86, 87
平均　77
平均故障時間間隔　31
平均復旧時間　31
ベストプラクティス　27, 28
変動型　51
方針管理　129

【ま行】
マイナス面　116
マトリックス図　104
慢性型　51
見える化　86, 89
未然防止型 QC ストーリー　3, 10
無形効果　115, 116
ムダ　33
目標値　66, 67
問題　15, 16
問題解決型 QC ストーリー　3, 7

【や行】
役割分担表　30
有形効果　114
優先順位　62
要因　70, 71
要望条件　42, 43

【ら行】
連関図　77, 78
ロス　33

【わ行】
ワークアウト法　100

142

索　引

【数字】

4M　7
5M　17，71
5W1H　100
5W2H　112
5Why　71

【A-Z】

CPM　39
DRBFM　73
FMEA　25，26，75
FTA　75
FT 図　25，26
GERT　39
Is　76
Is not　76
JHS　61
MECE　62
MTBF　31
MTTR　31
PDCA サイクル　68，129
PDPC　39，40，41，110
QC 工程表　134，135
QC ストーリー　2
QC 七つ道具　117
SDCA サイクル　130

【あ行】

アイデア収集法　98
アイデア発想法　99
あるべき姿　21，22，23
アロー・ダイアグラム　27，40，
　107，108，109
暗黙知　111

影響　25
影響度　62
オズボーンのチェックリスト　101

【か行】

課題　15
課題達成型 QC ストーリー　3，9
活動計画　68
管理図　93，94
期限　66
業務フロー　61，62
業務分担　29
グラフ　118
系統図　102，103
結合改善　74
決定分析　43
原因　70，71
原因追究型問題　17
現状把握　46，63
効果確認　114
効果金額　121
項目別不具合発生件数　120
故障の解析　75
故障モード　24
故障モード影響解析　75

【さ行】

三現主義　8，32，48，63
散布図　53，92
施策実行型 QC ストーリー　3，6
質より量　74
重回帰分析モデル　95
自由奔放　74
手段発想型問題　18

索　引

詳細業務計画　39
上司方針　28
真因　71
成功事例　27
設定型問題　18
増加問題　17
層別　56
層別散布図　92

【た行】
大日程計画　39
チェックリスト法　100
知識データベース　75
中日程計画　39
低減問題　17
特性値　66
特性要因図　55, 76, 77
突発型　51

【な行】
なぜなぜ問答　55, 73
七つのムダ　33
日常管理　129, 130
日程計画　40

【は行】
波及効果　115
パス解析法　95
パス解析モデル　96
バックキャスティング　47
発生頻度　62
ばらつき　49, 77
パレート図　57
ヒストグラム　90, 122
必須条件　42, 43
批判厳禁　74
評価尺度　37
評価法　36

標準　128
標準化　128
ブレーンストーミング　73, 98
ブレーンライティング　98, 100
プロセス　24, 61
プロセスフロー　86, 87
平均　77
平均故障時間間隔　31
平均復旧時間　31
ベストプラクティス　27, 28
変動型　51
方針管理　129

【ま行】
マイナス面　116
マトリックス図　104
慢性型　51
見える化　86, 89
未然防止型 QC ストーリー　3, 10
無形効果　115, 116
ムダ　33
目標値　66, 67
問題　15, 16
問題解決型 QC ストーリー　3, 7

【や行】
役割分担表　30
有形効果　114
優先順位　62
要因　70, 71
要望条件　42, 43

【ら行】
連関図　77, 78
ロス　33

【わ行】
ワークアウト法　100

142

著者紹介

猪原正守（いはら　まさもり）

　1986 年大阪大学大学院基礎工学研究科博士課程終了，工学博士取得.

　1986 年大阪電気通信大学工学部経営工学科講師，1989 年同助教授を経て，1996 年より情報工学部（現情報通信工学部）情報工学科教授. 主な研究分野は，多変量解析，SQC，TQM.

　主著に『TQM—21 世紀の総合「質」経営』（共著，日科技連出版社，1998 年），『共分散構造分析(事例編)』（共著，北大路書房，1998 年），『経営課題改善実践マニュアル』（共著，日本規格協会，2003 年），『JUSE-StatWorks による新 QC 七つ道具』（日科技連出版社，2007 年），『新 QC 七つ道具入門』（日科技連出版社，2009 年），『問題解決における「ばらつき」とのつきあい方を学ぶ』（日科技連出版社，2013 年），『新 QC 七つ道具の企業への新たな展開』（日科技連出版社，2015 年），『問題解決のための QC 手法の組合せ活用』（日科技連出版社，2016 年），『新 QC 七つ道具—混沌解明・未来洞察・バックキャスティング・挑戦問題の解決』（日本規格協会，2016 年）などがある.

事例に学ぶ QC ストーリーの "本当" の使い方

2018 年 6 月 26 日　　第 1 刷発行

	著　者　**猪 原 正 守**
	発行人　**戸 羽 節 文**

<table>
<tr><td rowspan="2">検　印
省　略</td><td>発行所　株式会社 日科技連出版社</td></tr>
<tr><td>〒 151-0051　東京都渋谷区千駄ヶ谷 5-15-5
DS ビル
電　　話　出版 03-5379-1244
　　　　　営業 03-5379-1238</td></tr>
</table>

Printed in Japan　　　　　　　印刷・製本　株式会社三秀舎

©*Masamori Ihara* 2018
ISBN978-4-8171-9643-9
URL　http://www.juse-p.co.jp/

> 本書の全部または一部を無断で複写複製（コピー）することは，著作権法上の例外を除き，禁じられています.

好評発売中!

問題解決のための QC手法の 組合せ活用
猪原正守 著
A5判

問題解決における 「ばらつき」との つきあい方を学ぶ
猪原正守 著
A5判

新QC七つ道具の 企業への 新たな展開
猪原正守 著
A5判

新QC七つ道具 入門
猪原正守 著
A5判

JUSE-StatWorksによる 新QC七つ道具
棟近雅彦 監修　猪原正守 著
B5判

株式会社 日科技連出版社
ホームページ　http://www.juse-p.co.jp/
〒151-0051 東京都渋谷区千駄ヶ谷 5-15-5 DSビル
電話 03-5379-1238　FAX 03-3356-3419